依兰陨石坑
特征及形成演化

陈 鸣 著

科 学 出 版 社

北 京

内 容 简 介

　　地球陨石坑是地外小行星、彗星或流星体等小天体超高速撞击地球表面形成的一类环形凹坑或环形地质构造。依兰陨石坑位于我国黑龙江省哈尔滨市依兰县，展现为一座形态奇特的月牙形环形山。这是一处由冰川遗迹叠加在陨石坑之上构成的罕见地质奇观。依兰陨石坑在科学研究、科学普及、旅游景观和地质遗迹保护等方面均具有重要的价值和意义。本书简要介绍依兰陨石坑的基本地质特征、撞击证据以及形成和演化历史等内容，力求以通俗易懂的语言和丰富的图表来诠释该陨石坑的主要研究成果以及相关的基础知识。

　　本书适合地球与行星科学爱好者、大学生和中学生阅读，也可供相关学科领域的研究人员参考。

图书在版编目（CIP）数据

依兰陨石坑特征及形成演化 / 陈鸣著. — 北京：科学出版社，2021.9
ISBN 978-7-03-069751-6

Ⅰ.①依…　Ⅱ.①陈…　Ⅲ.①陨石坑–研究–依兰县　Ⅳ.①P68

中国版本图书馆CIP数据核字（2021）第186567号

责任编辑：王　运 / 责任校对：张小霞
责任印制：吴兆东 / 封面设计：图阅盛世

科 学 出 版 社 出版
北京东黄城根北街16号
邮政编码：100717
http://www.sciencep.com
北京建宏印刷有限公司 印刷
科学出版社发行　各地新华书店经销
*
2021年9月第 一 版　开本：787×1092　1/16
2022年9月第二次印刷　印张：8 1/4
字数：200 000
定价：108.00元
（如有印装质量问题，我社负责调换）

前　言

在我国的东北边陲黑龙江省哈尔滨市依兰县存在着一座形态奇特的月牙形环形山，它是一个新发现的陨石坑。这处在远古时期形成的星球撞击遗迹的神秘面纱终于被揭开，它的发现再次把我们的思绪带向浩瀚的宇宙世界和地球的历史长河。

撞击坑，习惯上称之为陨石坑，是太空中星球之间发生强烈碰撞形成的环形凹坑或环形地质构造。陨石坑广泛分布在宇宙星球的表面。太阳系中几乎所有具有固态表面的行星、卫星、小行星、彗星和流星体等都存在陨石坑。在20世纪六七十年代期间，地球陨石坑研究取得了一系列重要突破，第一批陨石坑获得了证实。与此同时，美国和苏联实施的月球探测计划也大大地促进了陨石坑科学的发展。从那时起，陨石坑不但成为科学界的重要研究对象，也成为社会各界广泛关注的热点话题之一。

自古以来，人们对星球碰撞这种自然现象并不感到陌生。流星就是一类经常发生的地外小天体撞击地球的自然现象。在太空中运行的流星体在地球引力的影响之下进入地球大气层，它们与大气摩擦燃烧产生的光迹就是我们经常看到的流星现象。许多流星体在地球大气层中穿行的过程中被不断减速和发生销蚀。一些未燃尽的流星体或碎块坠落到地面成为陨石。但是，当体积较大的小行星、彗星和流星体等地外小天体入侵地球时，大气层对这些小天体的烧蚀程度有限并且起不到明显的减速作用。当这些体积较大的小天体最后以超高速与地球表面发生碰撞时，就会产生强烈的冲击波作用并引发爆炸效应，形成陨石坑。星球碰撞对一定区域的地质和地表环境产生重要影响。在地球历史上曾经发生过一些较大规模的星球碰撞事件，引发了天翻地覆、山呼海啸、生态环境剧变和生物大灭绝等。此外，星球碰撞事件也对地球演化以及人类和社会发展有积极的一面，它曾为地球带来了一系列重要的物质，促进地球生物的演化，缔造出了一系列矿产资源等。大规模的星球碰撞事件过去发生过，今后仍将可能发生。地球陨石坑研究有助于对太阳系星球形成和演化历史的了解，特别是其能提供有关地球的形成和演化历史、星球撞击效应和规律，以及矿产资源等方面的重要信息。陨石坑科学自其问世以来深刻地影响着地球与行星科学的发展，对社会发展和进步产生了重要的影响。

人类有关陨石坑的知识首先来源于对月球的观察和研究。众所周知，月球表面分布着无数不同大小的陨石坑，小的直径只有厘米级大小，大的直径可达两千多千米，直径超过一千米的陨石坑数以万计。地球与月球的成因联系密切，在太阳系中所处的空间位置和环境也比较接近，这就注定了两者在演化历史上经历的星球撞击密度和频率十分接近。地球的表面积为月球的十多倍，历史上发生的星球撞击事件数量应该远远大于月球。然而，目前在地球上发现的陨石坑数量却明显少于月球，直径达到一千米以上的陨石坑数量不到两百个。现已查明，地球和月球不同的地质结构特点和演化历史是导致两者之间在陨石坑数量上出现巨大差异的重要原因。月球大约在距今30亿年前就已经基本停止了活跃的地质活动，导致许多不同形成年代的陨石坑被保存了下来。地球自形成以来一直是一个活跃的星球。在地球内部热状态和热动力系统作用下，地质活动频繁，地表不断受到板块构造运动、火山喷发、造山运动、风化侵蚀、沉积作用等地质作用的改造。地球陆壳的地质过程和地质现象复杂多变，地表大部分区域属于洋壳并被海洋所覆盖。许多形成的陨石坑在长期的内、外地质营力作用下受到破坏、掩埋甚至被完全抹去。仅有少部分陨石坑，特别是那些比较年轻的陨石坑被保存了下来。随着一批地表形态特征比较明显和保存状态相对较好的陨石坑的相继发现，寻找和发现未知陨石坑的难度也在不断加大。

中国幅员辽阔，陆地面积占全球陆地总面积的十五分之一。自从20世纪80年代以来，我国持续不断地开展了陨石坑的调查和研究。2009年在辽宁省发现了岫岩陨石坑，依兰陨石坑是在黑龙江省新发现的一个撞击坑地质构造，这两个陨石坑均已得到了国际学术界同行的认可。对比在北美、北欧、澳大利亚、非洲和南美等其他地区发现了较多陨石坑的状况，我国目前找到的陨石坑数量相对较少。从客观条件上分析，有可能在我国领土上保存下来的陨石坑数量相对较少。在另一个方面来说，我国比较复杂多变的自然地理和地质环境也可能增加了陨石坑发现的难度。我国显生宙造山带比较发育，造山带面积占全国陆地总面积的五分之三。造山带地质构造变动较大，侵蚀作用强烈，不利于陨石坑的长期完好保存。华北、塔里木、扬子三大地壳稳定地区（克拉通）总面积近三百万平方千米。但这些地壳稳定地区被厚层沙漠、黄土和其他第四系沉积物广泛覆盖，寻找被埋藏的陨石坑的技术要求较高、难度较大。然而，近年来我国两个陨石坑的相继发现，表明陨石坑这种宇宙地质构造形迹在中国辽阔的疆域上并没有缺席。

地球陨石坑调查是一项专业性很强并涉及多学科领域的科学探索内容。在依兰陨石坑的调查和论证过程中，我们通过对岩石和矿物冲击变质特征、地质构造、地形地貌、地质事件年代等的系统研究，揭示了该地质构造的星球撞击起源和地质演化历史。

世界一百多年的陨石坑探索历史和经验表明，几乎所有在地质历史时期形成的陨石坑的发现都离不开冲击变质理论和证据的引导和支持。无论遇到怎样复杂的地质条件，冲击变质的研究方法是分辨真假陨石坑和打开陨石坑发现大门的金钥匙，在陨石坑发现中起着不可或缺甚至是决定性的作用。依兰陨石坑在地表上呈现为一座形态奇特的月牙形环形山。与地球上其他一些保存状态较好的同类型陨石坑相比较，依兰陨石坑的地表形态特征已经变得不甚完整。依兰陨石坑的证实过程再次证明，冲击变质的理论和实践在这个地质构造的成因论证工作中起到了纲举目张的作用，引导了整个研究工作的方向，促进了科学研究目标的实现。依兰陨石坑的发现过程提供了一个形态不完整撞击坑地质构造的成功论证例子。

依兰陨石坑不但是一个星球撞击地质遗迹，我们的研究还揭示了该陨石坑形成以后受到了后期冰川地质作用强烈侵蚀和改造的一段重要历史。在地球晚更新世中晚期，人类活动已经进入了繁盛期。现有资料表明，依兰星球撞击事件是地球近7万年以来发生的较大规模星球碰撞事件之一。依兰陨石坑的发现为了解地球近期历史上的主要星球碰撞事件的发生地点和频率提供了重要的信息，同时也为我国东北地区末次盛冰期历史研究提供了新的线索。作为我国罕见的一个星球撞击地质构造形迹，依兰陨石坑中的一系列独特科学发现以及不寻常的地质演化历史凸显了它在地球与行星科学研究方面的重要意义，以及在科学普及、旅游景观和地质遗迹保护等方面的价值。

本书简要地介绍了依兰陨石坑的地理特征、地质特征、撞击证据、撞击年龄、湖泊历史和冰川作用等有关该陨石坑的基本特征、形成和演化历史等方面的初步研究结果，希望这些资料有助于读者加深对陨石坑知识的了解，也期待这些资料对我国今后的陨石坑调查以及地球与行星科学相关领域研究有一定的参考价值。

依兰陨石坑科学论证工作是在中共依兰县委和依兰县人民政府的大力支持和帮助下完成的。在研究项目实施期间，依兰县人民政府派出了专门的部门和人员协助相关的野外地质调查、施工道路建设和地质勘查工程，及时帮助解决工作中遇到的各种问题，使研究工作得以顺利推进。辽宁省冶金地质四〇四队有限责任公司承担了该陨石坑的科学钻探工程，为此制定了专门的技术方案，克服了各种困难，完成了这项钻探工程，为陨石坑的成功论证提供了重要支持。

依兰县文体广电和旅游局徐立星和王本昆全程参与依兰陨石坑野外地质调查和科

学钻探工程，孙大成、李美洪和李凤民等参加了部分野外地质调查工作。辽宁省冶金地质四〇四队有限责任公司刘胜、张树林和李占营等负责科学钻探工程的设计和施工管理。中国科学院广州地球化学研究所谢先德、谭大勇、肖万生、丁平、王宁、陈怡伟、马灵涯、何鹏丽、王鑫玉、邓阳凡、曹玉波，以及奥地利维也纳大学 Christian Koeberl 等参与了部分研究工作、分析测试或学术讨论。

依兰陨石坑研究得到了中国科学院 B 类战略性先导科技专项（XDB18010405）、国家自然科学基金（41672032，41921003）和中国科学院广州地球化学研究所专项科研基金（2019）等的资助。中国科学院广州地球化学研究所、中国科学院深地科学卓越创新中心、同位素地球化学国家重点实验室等为本项目提供了工作和技术条件支持。

本书内容是关于依兰陨石坑研究的一个阶段性总结。在此，向所有参与和关心过依兰陨石坑研究的单位、部门和个人表示诚挚的感谢。本书内容中错误和不当之处在所难免，恳请各位读者批评指正。

陈　鸣

2021 年 6 月于广州

目　　录

第一章 概述

第一节 依兰县

黑龙江省位于中国东北部，是纬度最高、经度最东的省份。依兰县地处黑龙江省中南部，哈尔滨市的东北部，隶属于哈尔滨市。依兰县是一个诗意般宁静而美丽的地方，境内群山起伏、层峦叠嶂、绿树如云、秀水潺潺、景色绮丽。最近，一处我国罕见的星球撞击地质遗迹，即依兰陨石坑，发现于该县境内，它的面世引起了国内外科学界的广泛关注，并吸引了社会众多的目光。

依兰县是黑龙江省的省级历史文化名城之一，这里山川秀丽、历史悠久、古迹众多、人文荟萃、文化积淀丰厚。县城就坐落在美丽的松花江畔。位于该县依兰镇的倭肯哈达洞古人类活动遗迹的发现，将这里的古人类活动历史上溯至距今 6000 年前的新石器时期（柳成栋，1991，2011）。从先秦时期开始，依兰就已经成为中国东北古代民族肃慎、挹娄、勿吉、靺鞨、女真、满族等族系的繁衍生息中心区域。依兰自从唐代开始设治，渤海国时期在该地设立了德理府，成为东北第一古镇（田苗，2009）。从此以后，这里一直都在国家政权的领导和管理之下，在历朝历代都没有发生过中断。县城所在地依兰镇是辽金时期五国头城遗址。五国头城，也称五国城，是公元 10 世纪生活居住在松花江中下游两岸至乌苏里江广大区域的女真人建立的五大部落之一。这五个大的部落集团分别为剖阿里、盆奴里、越里笃、越里吉和奥里米，在历史上被称为五国部（王晓静，2015）。越里吉部落在五国部中居主导地位，为盟城，因此被称为"五国头城"。中国历史上著名的宋朝皇帝宋徽宗赵佶和宋钦宗赵桓的坐井观天园就坐落在五国头城遗址中。坐井观天园是以徽、钦二帝在金国被囚禁的历史为背景修建的遗迹公园，展出了 12 世纪初在中国历史上影响深远的"靖康之变"这个重大历史事件发生之后，金国军队将北宋的宋徽宗和宋钦宗二位皇帝及其家眷挟持到这里的居住地。在中国人民抗日战争期间，依兰县曾经是东北抗联的大本营。依兰县北部小兴安岭南麓的四块石地区曾经是中国东北抗日联军的秘密营地和"中共北满临时省委"的驻地，对中国近代史产生过深远的影响。

在汉语中，依兰是一个广为人知的美丽优雅的植物物种名称。然而，依兰县地名的由来与植物依兰无关。依兰县地名的来源体现了与满族历史和文化的深刻渊源，与当地历史密切相关。依兰地区属于中国历史上满族祖先的发祥地。在满族语言中，依兰是"依兰哈喇"的简称，其中的"依兰"代表"三"，"哈喇"意为"姓"。因此，依兰在满族语言中的实际含义为"三姓"。这里所指的三姓在清朝时期是指当地土著赫哲族中的葛依克勒、卢业勒和胡什哈里三个部族，简称"葛、卢、胡"三姓（柳成栋，2011）。康熙五十四年（1715 年），葛、卢、胡三姓在现在的依兰镇地域开始修筑三姓城（王佩环和赵德贵，1987）。雍正九年（1731 年），清政府在三姓城设置了三姓副都统衙门，这是吉林将军统辖下的五个副都统衙门之一，负责对东北边疆广大地区，即黑龙江下游、松花江中下游、乌苏里江以东及库页岛、鄂霍次克海海域等广大地区的管治（柳成栋，2011；葛春元，2019）。吉林将军是清朝政府在东北地区设立的三个将军之一。光绪三十一年（1905 年），清政府在三姓城设立了依兰府。民国二年（1913 年），依兰府改名为依兰县（柳成栋，1991）。1945 年后，依兰县初辖于合江省，后隶属于松江省。1954 年松江省与黑龙江省合并成为黑龙江省，依兰县隶属于黑龙江省。现在，依兰县是一个以汉族为主的多民族聚居地，其中包括满族、朝鲜族、回族、蒙古族、鄂伦春族、锡伯族、维吾尔族、鄂温克族等多个少数民族。依兰县总面积 4672 km²，目前共设有 9 个乡镇，总人口约为 40 万。

第二节　依兰陨石坑

依兰陨石坑呈现为一座凸起地表的半圆弧形山体，形如一座月牙形环形山。根据山体平面展布的圆弧曲线测得的陨石坑直径为 1850 m，构成坑缘的山体高度约为 150 m。陨石坑中心点位置的地理坐标为北纬 46°23′03″，东经 129°18′40″。这是在地球远古时期发生的一次较大规模的小行星撞击事件中产生的一处地质遗迹，一个撞击坑地质构造。依兰陨石坑是目前为止我国发现的第二个该类型宇宙地质构造形迹。

依兰陨石坑位于依兰县城的西北方向，松花江的北岸（图 1.1）。这个陨石坑坐落在小兴安岭南麓的边缘地带，它的东南部地区为一片地势平缓的冲积平原或河谷阶地。陨石坑的大部分区域位于依兰县迎兰朝鲜族乡的辖区范围内，陨石坑西部坑缘外侧山坡属于通河县辖区。陨石坑大部分区域被森林覆盖，归由依兰县林业局烟筒山林场管理。陨石坑与县城两地之间的直线距离大约为 19 km。在天气晴朗的日子里，登上县城东山公园中的小山丘往西北方向远眺，在一片平原与小兴安岭低山丘陵山地的连接处可以隐约地观察到这个陨石坑凸起在平原上的坑缘轮廓。从县城前往陨石坑的现有道路里程大约为 28 km。从县城朝北方向行进，在穿过松花江大桥以后沿着 G102 国道往北方向前进大约 4 km 到达 G102 国道与依丹公路(依兰至丹青河风景区旅游公路)的交汇点，转入依丹公路之后继续往西北方向前进大约 15 km，即到达依兰陨石坑附近的村庄——迎兰乡宏石村小营盘屯。宏石村所在区域坐落在一片冲积平原上。依兰陨石坑位于该村小营盘屯的西南方向直线距离大约 5 km 处。在小营盘屯沿着蜿蜒的村道和农业生产用道路往西南方向行进，不远处的丘陵地带就是陨石坑的所在地。依兰县与周边县、市之间构建了四通八达的交通网络体系，有铁路和公路连通，从外部地区前往依兰县和陨石坑的交通十分便利。依兰县西距哈尔滨市 251 km，东距佳木斯市 76 km，北距伊春市 289 km，南距七台河市 91 km。

图 1.1 依兰陨石坑附近交通示意图

依兰陨石坑位于县城西北方向 19 km 处，在县城的松花江北岸沿着 G102 国道和依丹公路可到达陨石坑附近的迎兰乡宏石村小营盘屯。资料来源：奥维互动地图－百度地图（2020 年）

依兰陨石坑的发现在黑龙江省新添了一座具有地标意义的地质景观。依兰陨石坑的名字将这处宇宙地质景观与依兰这座历史文化名城融合了起来，这将使得这方充满神奇的土地更加广为人知，有助于依兰独特的历史文化背景、优越的自然生态环境以及这处引人入胜的宇宙地质景观的弘扬与传播。

最近几十年来，地球与行星科学的迅速发展深刻地影响了人类文明前进的步伐。陨石坑是地球与行星科学的重要研究对象和研究内容之一。作为一类星球撞击地质遗迹，地球陨石坑的魅力与独特之处在于人们可以站在地球看宇宙的奥秘。依兰陨石坑的发现在我国增加了一个罕见的宇宙地质奇观，开发了一处重要的地球与行星科学研究基地和科普教育基地。依兰陨石坑的科学研究和开发利用对促进科学进步与社会发展具有特殊的价值和意义，它无疑将成为我国自然与科学的一张崭新名片。

第三节 地理概况

一、地理特征

依兰县位于小兴安岭、张广才岭、完达山三个山脉的交汇地区，在地形地貌上以"五山一水四分田"为特征。县域的西北部为小兴安岭南麓，西南部和东部分别属于张广才岭和完达山脉。这个三山交汇地区的四面被群山环绕，构成了一个四周较高、中间较低的盆地式半山区和半丘陵地带（图1.2）。同时，依兰县地处东北三江平原的西部

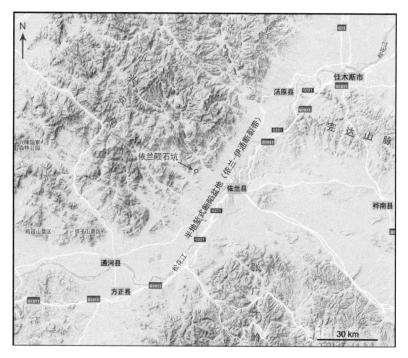

图 1.2　依兰县及周边地区地形示意图

依兰县位于小兴安岭、张广才岭和完达山三个山脉交汇处的盆地式半山区和半丘陵地区。由西南往东北流向的松花江与依兰-伊通大断裂带位置大致重合，构成了一个长条形的地堑式断陷盆地。依兰陨石坑位于这个断裂带西盘边界的小兴安岭南麓边缘地带，陨石坑的东南部为一片冲积平原或河谷阶地。资料来源：奥维互动地图-Google地形图（2020年）

边缘地带。三江平原是由黑龙江、乌苏里江和松花江三条河流的冲积平原所构成的区域，是我国最大的沼泽分布区。依兰县境内江河纵横。松花江、牡丹江、倭肯河和巴兰河是该县的四条主要河流。东北母亲河松花江穿越该县的西北部。牡丹江、倭肯河、巴兰河等多条河流在县城附近汇入松花江后继续向东北方向奔流，最后在同江市汇入黑龙江。

小兴安岭是亚洲东北部兴安岭山系中呈现为西北–东南走向的山脉之一，属于低山丘陵地区。小兴安岭山脉全长约 450 km，西北接大兴安岭支脉伊勒呼里山，东南到达松花江畔的张广才岭北端，一般海拔 500～1000 m，通河县平顶山是小兴安岭的最高峰，海拔为 1429 m。

依兰陨石坑坐落在小兴安岭南麓南部的边缘地带，陨石坑的东南部为与松花江走向平行的一片冲积平原或河谷阶地，位于松花江的北岸（图 1.1、图 1.2）。依兰陨石坑这座月牙形环形山的南部存在一个宽阔的开口，这个开口就如同一扇朝向南部平原地区敞开着的大门，犹如小兴安岭的一个进山门户（图 1.3）。

图 1.3　依兰陨石坑及周边地区卫星图像

依兰陨石坑坐落在小兴安岭南麓边缘地带。资料来源：阿斯特里姆（Astrium）公司 Pleiades 卫星图像（2019 年 10 月 16 日）

依兰陨石坑所在区域森林密布、植被茂盛、野生动物种类繁多，为林业自然保护区。陨石坑以外南部地区的冲积平原为农业作业区和村庄所在地，主要种植玉米、水稻和大豆等农作物。

二、环境与资源

黑龙江省位于欧亚大陆东部、太平洋西岸的中国最东北部,为温带大陆性季风气候。地处黑龙江省中南部的依兰县四季分明。依兰县的年平均气温为 3～4 ℃,年降水量为 500～600 mm。夏季多雨炎热,冬季寒冷干燥,春冬季节时间较长,夏秋季节时间较短。这个地区的低山-丘陵-平原组合地貌和大陆性季风气候条件决定了这里的自然生态环境比较优越,水资源丰富,土地肥沃,植被茂盛,森林资源丰富,林业和农业发达。小兴安岭、张广才岭、完达山脉是我国主要的针阔叶混交林的分布区。针阔叶混交林是针叶林和阔叶林之间的过渡类型,属于温带季风气候地区的地带性森林类型。

依兰县的森林资源丰富多样,主要乔木有云杉、冷杉、红松、柞树、椴树、白桦、枫桦、黑桦等十余种树木。这里的林区古树参天,静谧幽深,群峰起伏,层峦叠嶂,景色秀美。在依兰县西北部的小兴安岭南麓地区开发了以森林资源与环境为主题内容,适合于森林旅游观光的丹青河国家森林公园和烟筒山林场景区。

依兰县是我国的产粮大县,东北优质稻花香大米的主要产地之一。

依兰县拥有丰富的煤炭和油页岩资源。位于县城西南部的达连河镇曾经是中国东北地区最大的露天煤矿所在地,探明的煤炭储量超过亿吨(杨东林,2012)。这里的煤炭和油页岩资源主要产出在古近系的一套河流、湖沼相陆相地层之中,分布在与松花江走向一致的北北东向长条形地堑式断陷盆地以内(图1.2)。丰富的煤炭和油页岩资源表明这里在古近纪时期相对温暖与潮湿的气候环境(洪皓,2020)。

第四节　区域地质

在区域大地构造位置上,依兰县位于中亚造山带的东段。中亚造山带是由西伯利亚古陆与塔里木和华北两个古陆块之间曾经存在的古亚洲洋消减闭合而形成的一个年轻的陆壳区域。这个造山带西起俄罗斯乌拉尔山脉,经过哈萨克斯坦、中国西北、蒙古国、中国东北,一直延伸到俄罗斯远东地区的鄂霍次克海,是全球显生宙陆壳增生与改造最为显著的一个大陆造山带(Windley et al.,2007;Zhou et al.,2009)。这个造山带最显著的地质特点之一是构造岩浆活动以及壳幔物质相互作用十分活跃,大的断裂带纵横交错,发育了巨量的岩浆岩。中亚造山带东段(即天山-兴蒙造山带)西起天山,经北山、阴山,直到兴蒙造山带(位于松辽盆地以西和以北的兴安岭以及内蒙古东部造山带),东西延绵长度达数千千米。黑龙江小兴安岭地区就位于中亚造山带的东段，这里出露了面积达数万平方千米的花岗岩，主要为古生代和中生代的花岗质侵入岩。花岗岩的主要类型包括碱性长石花岗岩、二长花岗岩和花岗闪长岩等，构成了一个大致呈南北向延伸的小兴安岭花岗岩复合岩体（图 1.4a；王泉等，2017；李锦轶等，

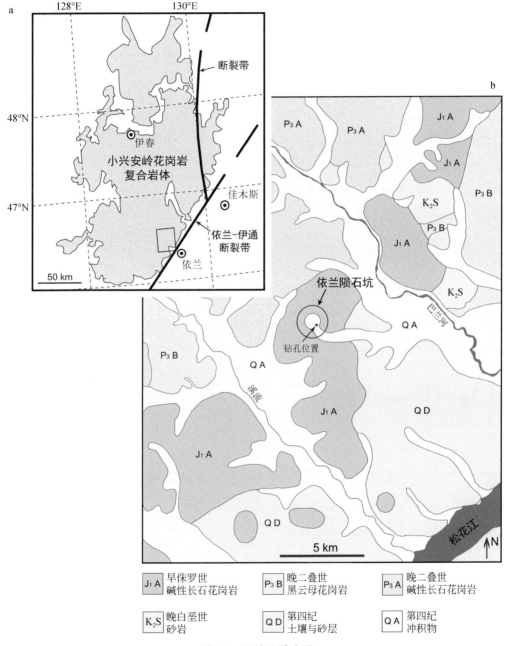

图 1.4　区域地质略图

a. 小兴安岭花岗岩复合岩体地理位置及地质略图（据 Ge et al., 2018；Zhao et al., 2018）。依兰陨石坑位于依兰-伊通断裂带西盘边界附近的小兴安岭花岗岩复合岩体内（图中蓝色方框区域）。b. 依兰陨石坑及周边地质略图（据黑龙江省地质局 1972 年依兰幅地质图 L-52-XVI，1∶200000；Institute of Geology, Chinese Academy of Geological Sciences, 2016）。该图范围为图 1.4a 中的蓝色方框区域。陨石坑形成在早侏罗世碱性长石花岗岩（J$_1$A）体上。图中红色圆圈为依兰陨石坑范围，红色圆点为地质钻探的钻孔位置

2019；Meng et al.，2011；Wu et al.，2011；Song et al.，2018）。小兴安岭花岗岩复合岩体侵入到这个地区的元古宙和古生代地层之中。小兴安岭地区有少量地层出露，古生代地层主要为泥盆纪砂砾岩层以及石炭纪和二叠纪凝灰质岩层。另外，白垩纪砂岩层局部以地层不整合关系覆盖在古生代地层以及古生代和中生代花岗岩体上。

依兰陨石坑位于小兴安岭花岗岩复合岩体的东南部边缘地带，坐落在早侏罗世花岗岩体上（图1.4b）。这种花岗岩是一种暗色矿物含量较低的碱性长石花岗岩，又称为白岗质花岗岩。花岗岩主要由石英（25%～30%）、钾长石（40%～45%）、钠长石（20%～25%）、少量云母和磁铁矿等矿物组成。化学成分分析结果表明，花岗岩中的二氧化硅（SiO_2）含量高达75%以上，碱金属氧化物（K_2O+Na_2O）含量达8%以上（75.82% SiO_2；0.07% TiO_2；12.21% Al_2O_3；0.12% MgO；1.24% FeO；0.03% MnO；0.43% CaO；4.72% K_2O，3.86% Na_2O和0.02% P_2O_5）。在陨石坑周边地区，出露有晚古生代晚二叠世碱性长石花岗岩和黑云母花岗岩，以及少量的晚白垩世砂岩。

郯庐断裂带是中国东部最大的一条北北东向断裂带，形成在中元古代，在中国境内延伸长度达2400多千米。这条断裂带规模宏大，结构复杂，穿越了整个中国东部地区。依兰-伊通断裂带属于郯庐断裂带的东北段，是东北地区的大型断裂构造带。在区域地质构造上，依兰-伊通断裂分割了小兴安岭山脉和三江平原地区，成为小兴安岭山脉和三江平原地区的边界断裂带。在依兰县境内，依兰-伊通断裂带的西盘为小兴安岭山脉，东盘为三江平原，断裂带东西盘的平均高差达百米以上（武晓军等，2016）。依兰-伊通断裂带形成了一个北东-南西走向的半地堑式断陷盆地（杨东林，2012）。松花江沿着这个断陷盆地由西南往东北方向流淌（图1.1、图1.2）。依兰陨石坑位于依兰-伊通断裂带西盘边界附近的小兴安岭山脉边缘地带（图1.4a）。

依兰陨石坑的南部区域是一片地势平缓的冲积平原，属于松花江-巴兰河的河谷阶地，由第四纪砂砾岩冲积物组成。这个河谷阶地为依兰-伊通北东-南西走向地堑式断陷盆地的所在区域。

第二章
地质构造特征

第一节 引 言

据统计，目前地球上发现的与星球撞击作用有关的地质构造数量在200个左右，这里面包括了那些较大规模的陨石坑，也包括一些经由体积较小陨石掉落到地表所形成的小洼地和小洞穴等（Schmieder and Kring，2020）。从广义上来说，任何由地外小天体与地表发生碰撞形成的凹坑或地质构造都可以被称为撞击构造。然而，在体积较小陨石掉落地表产生的小洼地和小洞穴中，由于碰撞速度较低，受到撞击的岩层并不存在冲击变质现象。地球上存在着大量非撞击成因的环形凹坑和环形地质构造。为了将那些非撞击成因的地质构造与陨石坑严格地区分开来，撞击靶区岩层中的冲击变质特征成为严格意义上陨石坑的判别标准，不存在冲击变质特征的撞击小坑穴可被称为陨石渗透坑（French，1998）。

现已发现的地球陨石坑主要分布在北美洲、南美洲、欧洲、非洲、澳大利亚和亚洲等陆地区域。地球上的陨石坑与地外星球表面的陨石坑在形态或地质构造特征上基本一致，主要以圆形或似圆形的环形凹坑或环形地质构造形式产出，仅有极少数陨石坑呈现出拉长的椭圆形或泪滴状的形态。椭圆状或泪滴状陨石坑是地外小天体以较低的角度与地球表面发生碰擦作用产生的一种地质构造，如阿根廷里奥夸尔托陨石坑群（Rio Cuarto craters）。

根据形态特征，地球上的陨石坑被划分成为两大类型，第一类为规模较小的简单陨石坑，第二类为规模较大的复杂陨石坑。星球之间发生碰撞时释放出来的能量越大，陨石坑的规模就越大。动能公式表明，撞击释放的能量与撞击体的质量和速度平方成正相关关系（$E_k=1/2\ mv^2$，E_k 为动能，m 为质量，v 为速度）。陨石坑的形态特征主要与撞击体质量大小和碰撞速度有关，也与撞击靶区岩性和所在星球重力条件等多种因素有关。随着陨石坑规模变大，其形态特征或陨石坑类型从简单陨石坑转变为复杂陨石坑。当受到撞击的靶区岩层的岩性不同以及受到撞击的星球的重力条件存在差异时，从简单陨石坑转变为复杂陨石坑的直径大小数值不一致。

简单陨石坑又被形象地称为碗形陨石坑，这是由于它的形态特征类似于一个仰天摆放的大碗，主要由坑缘和坑底两个主要部分构成。简单陨石坑是陨石坑家族中发育规模相对较小的一类陨石坑。这类陨石坑的大小和形态特征与撞击靶区岩石的岩性有密切关系。在地球上，当撞击靶区岩性为沉积岩层时，简单陨石坑的直径一般小于 2 km；当靶区岩性为火成岩和变质岩等结晶质岩石时，简单陨石坑可以达到的最大直径为 4 km。超出上述直径限度，撞击坑由简单陨石坑类型转变为复杂陨石坑类型。我国的岫岩陨石坑就是一个简单陨石坑，直径 1.8 km，靶区岩层为元古宙变质岩系。

复杂陨石坑的规模相对较大。目前地球上发现的最大规模复杂陨石坑的直径达 160 km，即位于南非的弗里德堡陨石坑（Vredefort crater）。根据形态特征，复杂陨石坑又可进一步划分出具有中央峰构造的陨石坑，以及具有中央峰环构造的陨石坑。具有中央峰构造的陨石坑的直径小于具有中央峰环构造的陨石坑，后者的直径一般大于 100 km。澳大利亚高斯-峭壁陨石坑（Gosses Bluff crater）是一个受到了地质营力强烈剥蚀但仍然保存着可辨别的中央峰构造特征的复杂陨石坑，直径 22 km。墨西哥希克苏鲁伯陨石坑（Chicxulub crater）是一个被埋藏在地表以下的具有中央峰环构造（或多环构造）的复杂陨石坑，直径 150 km。

所有陨石坑都具有的一个相同地质构造特征是构成陨石坑的岩层十分破碎。在撞击成坑过程中，由于强烈的冲击波作用以及引起的爆炸效应，撞击靶区岩层的结构构造受到强烈的扰动和破坏，岩层发生强烈的变形、破碎和溅射。岩石碎块遍布整个陨石坑地质构造并溅射到陨石坑附近区域。因此，无论是简单陨石坑还是复杂陨石坑，所有陨石坑都产出有大量的岩石碎块。撞击产生的岩石碎块或松散地堆积在一起，或在漫长的地质岁月中再次发生成岩作用形成撞击角砾岩。撞击作用产生高温高压可导致靶区部分岩石发生熔融甚至气化。冲击熔融物质发生重结晶形成撞击熔岩或与岩石碎块胶结在一起形成撞击熔融角砾岩。撞击熔融物质的多少与撞击事件释放出来的能量大小以及靶岩的岩性等因素有关。一般来说，简单陨石坑中撞击熔融物质的数量相对较少，而复杂陨石坑中撞击熔融物质的数量相对较多。由于地球本身的地质作用也可以产生大量的岩石碎块、角砾岩以及熔岩，正确辨别撞击成因岩石在陨石坑调查工作中具有重要作用。撞击形成的角砾岩和熔岩与非撞击成因的角砾岩和熔岩之间的主要区别是前者通常包含有冲击变质现象或残余的冲击变质物质，而后者不存在冲击变质现象，据此可以将两者在根本上加以区分。

第二节　形态地貌特征

一、月牙形环形山

在依兰县迎兰乡宏石村小营盘屯附近，坐落着一座被当地居民世代称之为"圈山"的山体。在汉语中，"圈"通常被用于描述一个圆环状物体的形态特征。圈山形象地表述了这座圆环状山体的形态特征。其实圈山并不是一座完全封闭起来的圆环状山体，而是一座半圆弧形山体。在圈山南部存在一个硕大的开口。凸起地表达一百多米高的山体只是顺着同一个圆环的轨迹延伸了大半个圆圈，构成了一座半圆弧形的山体（图2.1）。更形象地说，圈山呈现为一座形态奇特的月牙形环形山。这座月牙形环形山就是我们现在所知道的依兰陨石坑。

图2.1　依兰陨石坑全景照片

夏季景观。依兰陨石坑位于小兴安岭南麓边缘地带，这个区域被茂密的森林覆盖。凸起地表的一条连续的圆弧形山脊构成了陨石坑的坑缘。陨石坑的环形坑缘不完整，南部坑缘存在较大规模的缺失。由圆弧形坑缘围拢起来的圆形洼地构成了陨石坑的坑底。这是无人机在陨石坑外东南方向1500 m处拍摄的景观照片，拍摄视角高度距离地面500 m（摄影：李美洪、陈鸣，2019年6月23日）

依兰陨石坑大部分区域被茂密的森林所覆盖。然而，茂密的森林无法完全遮盖住这座高出地表达一百多米的环形山轮廓。这个陨石坑仍然透过起伏的森林植被展现出它的环形身姿。夏天，这里的树木苍翠茂盛、枝繁叶茂，密密层层的枝叶把森林封得严严实实，显得一片郁郁葱葱（图2.1）。秋天，这里披上了节日的盛装，成为一个色彩缤纷、绚丽灿烂的五彩世界。冬天，这里银装素裹，一派壮美的北国风光景色。登高望远，陨石坑的形态特征和壮美景色一览无余。在高空中俯瞰依兰陨石坑，这座形态如同月牙形的环形山的地形地貌特征越发神奇与迷人（图 2.2）。月牙形环形山的山体形态特征在自然界罕见。依兰陨石坑的形态地貌特征独具一格，它的成因给人以无限的遐想。

图 2.2　依兰陨石坑月牙形环形山

在高空中俯瞰陨石坑，凸起地表的圆弧形坑缘轮廓清晰可见，它的地形地貌景观展现为一座奇特的月牙形环形山。阿斯特里姆（Astrium）公司 Pleiades 卫星遥感图像（2019 年 10 月 16 日）

二、碗形凹坑

依兰陨石坑呈现出一座月牙形环形山的地形地貌特征。环形山的凸起山体构成了这个碗形陨石坑的坑缘部分，由坑缘围拢起来的一片平缓洼地构成了这个陨石坑的坑底部分。陨石坑环形坑缘顶部的海拔为 270 ～ 320 m，陨石坑底部中心区域的海拔为 170 m。坑缘顶部与坑底中心地表之间的平均高差为 150 m，坑缘顶部与周边地表之间的高差为 110 ～ 150 m。根据环形坑缘山脊线测得的陨石坑直径为 1.85 km。该陨石坑形成在花岗岩地区，它的直径和形态均与简单陨石坑的直径（小于 4 km）和形态（碗形凹坑）特征相一致。

依兰陨石坑的南部坑缘存在着较大规模的缺失。环形山的坑缘沿着顺时针方向从 265° 到 120° 连续延伸的长度大约为 3.64 km，占坑缘总长度的 63%；从 120° 到 265° 这一段坑缘基本缺失，缺失长度大约为 2.17 km，占坑缘总长度的 37%（图 2.3）。尽管陨石坑的南部坑缘存在着较大规模的缺失，按照现存的坑缘山脊线仍然可以勾画出一个正圆形的坑缘轮廓曲线。环形坑缘围拢起来的区域是一片圆形的平缓洼地。因此，根据现存的坑缘部分和坑内洼地的地形地貌可以恢复出这个同心的正圆形碗形凹坑的基本形态特征。一个完整的简单陨石坑通常具有一个连续的和封闭的环形坑缘。依兰陨石坑南部坑缘的大规模缺失，表明它在形成以后受到了特殊地质作用的强烈侵蚀或改造。

图 2.3　依兰陨石坑平面图像

陨石坑的平面图像显示它的环形坑缘轮廓曲线和坑底的形态为同心的正圆形。该图像显示，陨石坑西南部附近的小山丘并没有延伸到陨石坑的正圆形坑缘范围以内。谷歌卫星遥感图像（2013 年 12 月 7 日）

三、坑缘

依兰陨石坑现存的环形坑缘部分保存状态良好，形态清晰，高出地表达 150 m。然而，南部坑缘一段长度达 2.17 km 的地段已经被侵蚀到了与坑底和坑外地表相接近的海拔（图 2.4）。坑缘的横截面形态特征为三角形（图 2.5），山脊顶部形态尖锐（图 2.6）。坑缘内侧山坡的坡度相对较陡，外侧山坡坡度相对较缓。内侧山坡的坡度为 25°～35°，外侧山坡的坡度为 10°～25°。现存的坑缘山脊总体上呈现出北高南低的现象，北部坑缘山脊海拔相对较高，东部坑缘山脊和西部坑缘山脊海拔往南部方向缓慢降低直到坑缘消失（图 2.7）。正是由于陨石坑坑缘呈现出中间较高、两端较低的高低起伏变化，加上南部坑缘存在一个宽阔的开口，使得这个陨石坑呈现出一座月牙形环形山的独特地形地貌特征。

图 2.4　依兰陨石坑南部坑缘缺口
这是在陨石坑外部东南方向观察的陨石坑地形地貌景观

图 2.5　依兰陨石坑南部坑缘缺口东侧坑缘显示的三角形横截面形态

图 2.6　陨石坑坑缘山脊地形地貌

横截面为三角形的坑缘山脊顶部尖锐，两侧山坡陡峭。山脊表面覆盖着薄层土壤，土壤之下为花岗岩碎石堆积。a.西部坑缘山脊
（深秋季节）；b.东部坑缘山脊（初春季节）

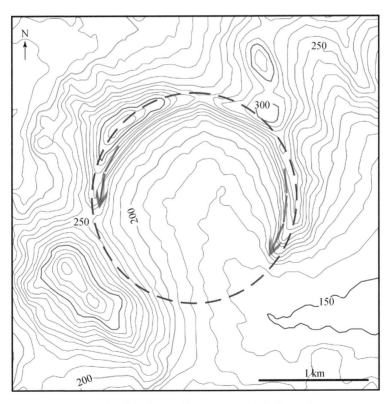

图 2.7　依兰陨石坑地形等高线图（单位：m）

图中红色圆形虚线表示陨石坑的环形坑缘山脊轮廓曲线。坑缘山脊在北部相对较高，往南部方向其高度缓慢降低（两个蓝色箭
头方向）。地形等高线显示整个陨石坑的地形类似于一个簸箕状的形态特征

陨石坑的坑缘岩石受到了一定程度的风化侵蚀作用影响。大部分坑缘地段的地表覆盖着薄层土壤，土壤层之下为角砾状花岗岩碎块堆积。坑缘上部区域发育的土壤层厚度相对比较薄，厚度从数厘米到数十厘米不等，这里的树木显然扎根在岩石的缝隙之中。坑缘下部区域发育的土壤层厚度相对比较厚，局部土壤厚度可达 1～2 m。陨石坑的坑底充填着厚层的淤泥和黏土沉积物，表明坑缘岩石在地质历史时期形成的风化产物被不断地搬运和沉积到了陨石坑的底部并堆积起来。

在坑缘顶部多个地段可以观察到大面积出露的角砾状花岗岩碎块堆积（图 2.8）。另外在坑缘两侧山坡的局部区域也可以观察到大片出露的花岗岩碎块（图 2.9）。这些花岗岩碎块的大小一般为十多厘米到数十厘米，较大的岩块可达 2～3 m（图 2.10）。坑缘上产出的花岗岩碎块均为碱性长石花岗岩。大部分体积较大的花岗岩碎块的风化程度相对较弱。

图 2.8　陨石坑东北部坑缘顶部出露的花岗岩碎块堆积

a. 坑缘山脊出露的花岗岩碎块堆积，树木扎根在岩石的缝隙之中；b. 坑缘山脊内侧山坡出露的花岗岩碎块堆积

图 2.9　陨石坑东部坑缘内侧山坡中部出露的花岗岩碎块堆积

图 2.10　陨石坑坑缘山脊上出露的较大体积花岗岩角砾堆积。图中间一块花岗岩角砾
（本书作者手扶的岩块）的大小超过 2 m

四、坑底

按照坑缘底部向坑底过渡的大致界线测得的陨石坑坑底直径大约为 1.5 km。坑底总体上呈现为一个圆形的洼地（图 2.3）。整个洼地呈现出朝南部坑缘缺口方向缓慢倾斜、高度逐渐降低的地形地貌。坑底东－北－西边缘处的海拔大约为 220 m，坑底中心

海拔 170 m，坑缘缺口处海拔 160 m。因此，在地形等高线图上，整个陨石坑呈现出一个类似于簸箕状的形态特征（图 2.7）。

陨石坑的坑底是一片森林和沼泽地，地表十分松软，人在沼泽地上行走时容易发生下陷。这片被茂密的森林沼泽覆盖的区域面积大约占坑底总面积的 85%。沼泽上水草茂盛，白桦树和橡子树是森林中的主要树木，树木的高度为 15～30 m（图 2.11）。坑底东南部一个小区域的沼泽地经过排水改造成为旱地。坑底均被富含有机质的黑色土壤层或淤泥覆盖，上部主要为泥炭土或富含腐殖质黏土，往下逐渐转变为黄褐色黏土（图 2.12）。土壤层厚度在坑底中心区域深达 1 m 多，往坑缘方向的土壤厚度逐渐减薄到 10～30 cm。在坑底中心区域，土壤层之下出现湖泊相沉积物，这是一套富含水分的黄褐色‐黑色的淤泥和淤泥质黏土（见以下章节）。在坑底距离坑缘底部边界线大约 150～200 m 区域，薄层土壤之下没有出现湖泊相沉积物，而是直接变化为花岗岩碎块堆积（图 2.13）。与坑缘上产出的花岗岩碎块一样，坑底产出的较大块度的花岗岩碎块受风化作用程度也比较弱，岩石碎块大小从数厘米到数十厘米不等。

图 2.11　陨石坑坑底上的森林和沼泽地
a. 陨石坑坑底的白桦林；b. 陨石坑坑底水草茂密的沼泽地

图 2.12　陨石坑坑底土壤剖面

这是在距离坑底中心大约400m的白桦林中揭示的一个土壤剖面，上部主要由黑色泥炭土或富含腐殖质黏土组成，
下部逐渐过渡为黄褐色黏土

图 2.13　陨石坑坑底边缘区域出露的花岗岩碎块堆积

这是坑底距离东南部坑缘底部界线大约120 m处的一条排水沟，这里显示覆盖在花岗岩碎块堆积上的土壤层厚度大约为10 cm

第三节　深部地质构造

一、地质钻探

每一个陨石坑都具有特定的撞击坑地质构造特征。除了地球物理勘探技术和方法

可以提供间接的深部地质信息以外，科学钻探工程是揭示陨石坑深部地质构造特征最为常用的研究方法及技术途径。一个较大规模陨石坑的地质调查和科学论证通常离不开地质钻探工程技术方法的协助。通过地质钻探不但可以调查陨石坑深部的地质构造特征，而且是提取那些保存在陨石坑深部强烈冲击变质物质的唯一有效的技术途径。

尽管依兰陨石坑南部坑缘存在着较大规模的缺失，但它其余部分坑缘保存状态良好。这就表明了依兰陨石坑的整体在垂直方向上被剥蚀的程度并不大，坑底深部应该呈现出一个碗形陨石坑的基本地质构造特征。依兰陨石坑地表被土壤层和森林植被广泛覆盖，坑底充填了厚层湖泊相沉积物，在地表获得有代表性的撞击证据的难度较大，不利于地质证据的系统收集和地质构造的成因分析。通过地质钻探有利于获得地质构造成因和地质构造演化历史方面的重要信息。

根据碗形陨石坑的一般地质构造特点，依兰陨石坑地质钻探工程的钻孔位置最初被选择在陨石坑的中心点。这个钻探位置地处坑底一片茂密树林之中。在实施钻探工程前，基于避免对森林资源造成破坏和环境保护等多方面因素考虑，钻孔位置被移动到了距离陨石坑中心点东南方向 400 m 的一条小路边的空地上（图 1.4）。

依兰陨石坑科学钻探工程在 2020 年春夏之际实施并完成（图 2.14、图 2.15）。经过施工道路铺设和钻探场地准备等一系列的前期工作，钻进施工在 2020 年 5 月初开始，一直到 7 月底结束，共历时 80 多天。地质钻探工程采用钻孔取心钻进。钻孔开孔直径为 325 mm，终孔直径为 110 mm。为了预防钻孔坍塌，在钻进过程中分别在上段采用了钢套管护壁技术，在下段采用了泥浆护壁技术（图 2.15b）。

图 2.14　依兰陨石坑科学钻探工程的车载钻机以及钻探施工现场

图 2.15 地质钻探施工现场

a. 地质钻进过程；b. 钻孔钢套管护壁操作

钻孔从地表土壤层开始往下钻进，在穿过撞击坑坑底不同的地质构造单元并到达花岗岩基岩之后终孔，实际总钻进深度为 438 m。这次地质钻探工程共揭示了四个不同的岩性－地层构造组成部分，其中包括地表土壤层、湖泊相沉积物单元、撞击角砾岩单元和花岗岩基岩（图 2.16）。成功地提取到了钻孔的全套岩心样品（图 2.17）。地质钻探揭示陨石坑底部充填的物质总厚度达 429 m。

二、主要地质构造层

地质钻探在陨石坑底部揭示了四个不同的地质构造组成部分：

（1）地表以下 1 m 厚度为富含有机质的黑色土壤层。

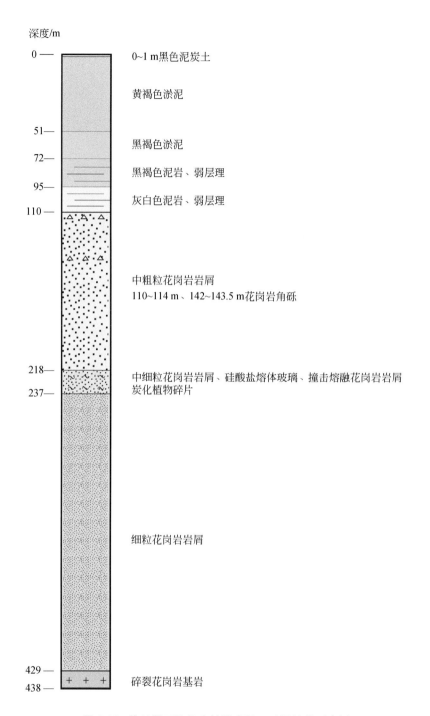

深度/m

深度	岩性描述
0	0~1 m黑色泥炭土
	黄褐色淤泥
51	黑褐色淤泥
72	黑褐色泥岩、弱层理
95	灰白色泥岩、弱层理
110	中粗粒花岗岩岩屑 110~114 m、142~143.5 m花岗岩角砾
218	中细粒花岗岩岩屑、硅酸盐熔体玻璃、撞击熔融花岗岩岩屑 炭化植物碎片
237	细粒花岗岩岩屑
429	碎裂花岗岩基岩
438	

图 2.16 依兰陨石坑坑底钻孔岩性 – 地层柱状示意图

钻孔深度 0～1 m 为土壤层，1～110 m 深度间隔为湖泊相沉积物单元，110～429 m 深度间隔为撞击角砾岩单元，429 m 以下为花岗岩基岩。在撞击角砾岩单元中，110～218 m 深度间隔主要为中粗粒花岗岩岩屑并伴随出现有少量块度较大的角砾状花岗岩碎块，218～237 m 深度间隔为中细粒花岗岩岩屑和花岗岩熔融物质，237～429 m 深度间隔为细粒花岗岩岩屑

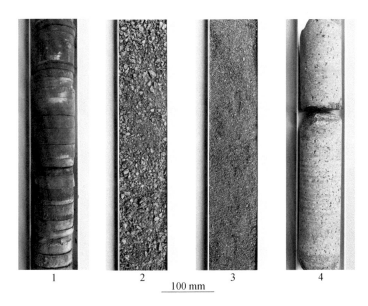

图 2.17　代表性的钻探岩心样品
1. 湖泊相沉积物；2. 中粗粒花岗岩岩屑；3. 细粒花岗岩岩屑；4. 花岗岩基岩

（2）从 1 m 到 110 m 的深度间隔为一套湖泊相沉积物。这套总厚度为 109 m 的湖泊相沉积物主要由富含水分和有机质的黄褐色和黑色淤泥以及粉砂质黏土等组成，均没有发生固结成岩。

（3）从 110 m 到 429 m 深度间隔是一套松散地堆积在一起的花岗岩角砾和碎屑物质，构成了这个陨石坑底部的"撞击角砾岩单元"。这个厚度达 319 m 的撞击角砾岩单元的物质主要由不同大小的花岗岩角砾和岩屑组成，以岩屑物质为主，岩石角砾和碎屑棱角尖锐。构成这个撞击角砾岩单元的花岗岩角砾和岩屑的岩性与花岗岩基岩的岩性相同，均为碱性长石花岗岩。撞击角砾岩单元是撞击靶区花岗岩在撞击成坑过程中发生破碎、溅射和降落后回填到陨石坑内底部并堆积在一起的物质。

（4）在 429 m 以下深度的物质为发生碎裂的花岗岩基岩。这部分基岩在撞击过程中发生了碎裂，但没有发生明显的移动，属于原位变形或破碎的产物。

钻孔揭示的陨石坑坑底从上往下出现的土壤层、湖泊相沉积物单元、撞击角砾岩单元均属于这个陨石坑底部的充填物质。撞击角砾岩单元是陨石坑在撞击成坑过程中形成的物质，覆盖在撞击角砾岩单元上面的湖泊相沉积物和土壤层属于撞击成坑之后逐渐沉积充填到这个碗形凹坑中的物质。

三、湖泊相沉积物单元

依兰陨石坑底部存在着一套厚度达 109 m 的湖泊相沉积物。湖泊相沉积物的产出表明，这个陨石坑在形成之后的一段较长时间内曾经发育成为一个湖泊，逐渐沉积了这套富含有机质的淤泥和粉砂质黏土物质。湖泊相沉积物的存在同时也表明，这个碗形陨石坑的坑缘在其形成之初是完整和封闭的，只有这样才能发展成为一个湖泊并长期大量蓄水。在陨石坑的后期地质演化过程中，部分坑缘在地质作用的侵蚀之下出现了缺失。坑缘的部分缺失意味着这个陨石坑湖泊的消失以及坑内湖泊相沉积阶段的终结。这套湖泊相沉积物的发育特征为揭示这个陨石坑湖泊的发育历史以及陨石坑坑缘的侵蚀历史提供了重要的证据。

四、撞击角砾岩单元

撞击角砾岩单元是所有保存状态良好的碗形陨石坑底部都存在的一个特征地质构造单元，也是撞击产生的强烈冲击变质物质最为富集的位置。根据物质组成和结构构造特征，依兰陨石坑中这套总厚度达 319 m 的撞击角砾岩单元可划分出三个不同的部分：

（1）钻孔 110～218 m 深度间隔部分。这是撞击角砾岩单元上部一段厚度为 108 m 的物质层位。这部分物质主要由粒度为 1～3 cm 的中粗粒花岗岩岩屑构成，其中夹杂有一些大小为 5～30 cm 不等的花岗岩角砾。在这一段岩心中产出的花岗岩角砾的总厚度仅为 6 m。

（2）钻孔 218～237 m 深度间隔部分。撞击角砾岩单元中的这一段物质层位主要由粒度为 1 mm 到 1 cm 不等的一套中细粒花岗岩岩屑组成，主要的粒度为 1～5 mm，没有遇到块度较大的花岗岩碎块和粗粒岩屑。这个物质层位的一个显著特点是包含有大量发生了强烈冲击变质的花岗岩物质，例如花岗岩熔融物质、强烈的冲击变形矿物和撞击产生的超高压矿物等。这个层位中的花岗岩熔融物质含量达 5%～10%。

（3）钻孔 237～429 m 深度间隔部分。这是撞击角砾岩单元下部一段厚度达 192 m 的物质层位。这部分物质几乎全部由粒度小于 3 mm 的细粒花岗岩岩屑组成，不含块度较大的花岗岩碎块和粗粒岩屑。

地质钻探结果表明，依兰陨石坑底部充填的这个撞击角砾岩单元中的岩石平均破碎程度极大，这种现象目前在国内外其他同类型陨石坑中罕见。在回收到的岩心样品中，98% 以上的物质均由粒度较小的花岗岩岩屑构成，块度较大的花岗岩碎块所占比例不到 2%。与地球上其他已知碗形陨石坑相比较，依兰陨石坑的撞击角砾岩单元不但发育厚度较大，而且岩石的破碎程度较高。这里将依兰陨石坑与其他两个典型的碗形陨石坑做一个比较。瑞典格兰比陨石坑（Granby crater）和南非茨槐英陨石坑

（Tswaing crater）是两个同样形成在花岗岩体上的碗形陨石坑，前者直径为 3 km，后者直径为 1.13 km。格兰比陨石坑发育的撞击角砾岩单元厚度约为 100 m，撞击角砾岩由花岗岩角砾和岩屑混合组成（Henkel et al.，2010）。茨槐英陨石坑发育的撞击角砾岩单元厚度约为 53 m，由大约 75% 的细粒花岗岩岩屑和 25% 的花岗岩角砾构成（Reimold et al.，1992；Koeberl et al.，1994）。依兰陨石坑发育的撞击角砾岩单元厚度（319 m）和岩石破碎程度均远远大于格兰比陨石坑和茨槐英陨石坑。格兰比陨石坑、茨槐英陨石坑与依兰陨石坑的对比表明，依兰陨石坑的直径大小位于这三个陨石坑中间，但撞击角砾岩单元的厚度和岩石破碎程度均明显大于前两者。

五、花岗岩基岩

在钻孔中，429 m 以下深度突然从撞击角砾岩单元转变为碎裂状花岗岩基岩。钻孔岩心中揭示的较大花岗岩碎块的块度达 40 cm。碎裂状花岗岩基岩的产出表明花岗岩基岩在撞击过程中发生了原位的碎裂。深度 429 m 这个界面指示了这个碗形凹坑发育的最大深度。

第四节　地质构造参数

一个碗形陨石坑的主要地质构造参数包括直径、深度、坑缘高度和坑底充填物质厚度等方面的指标。

陨石坑直径是根据环形坑缘山脊线测得的距离。

深度包括了陨石坑的表观深度、陨石坑深度和陨石坑真实深度三方面的指标：①表观深度是指目前看到的坑底与坑缘顶部之间的高差，这个深度受到陨石坑形成后覆盖在撞击角砾岩单元上面的后期沉积物的厚度大小变化的影响，一般等于或小于陨石坑深度。②陨石坑深度是指在撞击成坑事件发生之后显示的坑体深度，即坑底撞击角砾岩单元表层界面与坑缘顶部之间的高差。③陨石坑真实深度是指坑底撞击角砾岩单元底层界面与坑缘顶部之间的高差。

坑缘高度，即坑缘顶部与周边地表之间的高差。可用于描述那些在地表相对平坦区域形成的陨石坑的坑缘高度。坑缘高度不适宜用来描述那些形成在地表高低起伏较大地区的陨石坑，如我国形成在丘陵地区的岫岩陨石坑等。

坑底充填物质厚度是由撞击角砾岩单元厚度和撞击成坑之后覆盖在撞击角砾岩单元之上的沉积物厚度两个部分加在一起得出的厚度值。

依兰陨石坑属于一个碗形陨石坑，它的主要地质构造参数如下（图 2.18）：

（1）陨石坑直径（D）：1850 m；

（2）陨石坑坑缘高度：110～150 m；

（3）陨石坑表观深度（H_1）：150 m；

（4）陨石坑深度（H_2）：260 m；

（5）陨石坑真实深度（H_3）：579 m；

（6）撞击角砾岩单元厚度（T）：319 m；

（7）湖泊相沉积物单元厚度：109 m。

（8）坑底充填物质厚度：429 m。

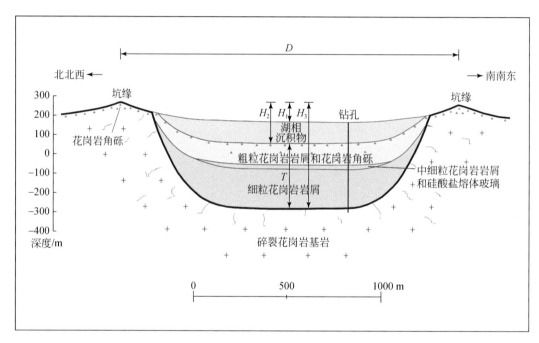

图 2.18　依兰陨石坑地质剖面示意图

该图根据陨石坑的实际大小按比例缩小绘制。依兰陨石坑地质构造主要由坑缘、坑底、坑底充填物和基底岩石等几个部分构成，坑底充填物主要为表层土壤、湖泊相沉积物和撞击角砾岩。D 代表陨石坑直径；H_1 代表陨石坑表观深度；H_2 代表陨石坑深度；H_3 代表陨石坑真实深度；T 代表撞击角砾岩单元厚度

第五节　撞击与成坑

一、撞击成坑机制

地球陨石坑是地外小行星、彗星或流星体等小天体以超高速度撞击地球表面形成的环形凹坑或环形地质构造。星球之间的超高速碰撞在瞬间释放出巨大的能量。撞击

体的质量和碰撞速度越大，撞击释放出来的能量也就越大。星球碰撞发生时，在撞击体与靶区岩层接触面的两侧会引起方向相反的冲击波辐射。冲击波是一种强烈和短暂的高压应力波，一种有物质流通过的间断面，物质流的速度矢量垂直于波阵面。冲击波在固体介质中传播会导致介质的压强、温度、密度等物理性质出现跳跃式改变。当星球碰撞的速度超过大约 3 km/s 时，撞击引发的强烈冲击波将导致靶区岩石和矿物等物质发生冲击变质作用，撞击体本身也在撞击过程中发生碎裂、熔融和气化。

星球碰撞产生的冲击波以撞击点为中心，以略低于撞击体原来的飞行速度向外迅速传播。撞击体与地面接触后向下挖掘和移动过程以及伴随的冲击波作用引起物质的流动（图 2.19）。当冲击波向外辐射扩散时，一部分冲击波与靶区地面相互作用，导致一定区域内的靶区岩层发生强烈破碎和移动，引发物质溅射，导致环形凹坑的形成（French，1998）。另一部分冲击波则向下传播，导致撞击区域内较大体积的岩层发生破碎、冲击变质和物质移动。星球碰撞引起的冲击波作用引发的爆炸效应顷刻之间在靶区地表岩层中形成一个瞬态坑。这个瞬态坑的物质处于重力不稳定状态，随之发生坑体构成物质的重力调整，部分岩石碎块坍塌回填，最后形成一个相对稳定的环形凹坑（French，1998）。

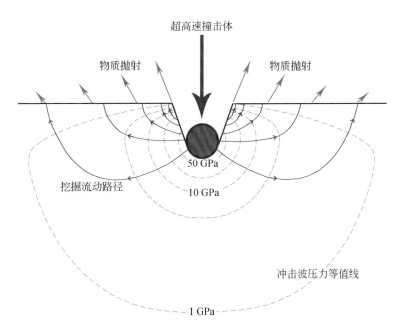

图 2.19　撞击点附近区域冲击波压力分布和撞击挖掘物质流动路径示意图

撞击体向下挖掘深度大约为撞击体直径的 2 ～ 3 倍，撞击体绝大部分物质发生强烈破碎、熔融和气化。从撞击点向外辐射的冲击波压力迅速降低，在有限距离内从数十万个标准大气压（1 标准大气压 =101325Pa）迅速衰减到常压。冲击波作用导致靶区物质挖掘流动以及物质溅射，溅射物质在周围堆积形成陨石坑的环形坑缘（据 French，1998）

二、撞击体

撞击体的大小与形成的陨石坑直径之间具有一定的关系。陨石坑直径一般为撞击体大小的 20 倍到 30 倍（French，1998）。依兰陨石坑的直径为 1.85 km，由此估计的撞击体直径为 60 ～ 90 m。

在撞击成坑过程中，当撞击产生的冲击波传播到达撞击体背面时，将以稀疏波（释放波）的形式反射回到撞击体。稀疏波是一种在被压缩物质中以声速传播的压力波，将在瞬间追赶上冲击波阵面，导致冲击压力的释放。冲击压缩在岩石中积累的能量将以热的形式释放出来，引起极高的温度，导致体积相对较小的撞击体在瞬间发生强烈破碎、熔融和气化（French，1998；Stöffler et al.，1991；Stöffler and Langenhorst，1994）。

陨石坑的规模大小与撞击释放的能量两者之间呈正相关关系，而释放的能量大小决定了陨石残留体的多少。在直径较大的陨石坑中，找到陨石残留物质的概率较低，数量较少。过去主要是在一些直径相对较小的年轻陨石坑中找到了一些陨石残留碎块，如美国的巴林杰陨石坑（Barringer crater，直径 1.19 km，年龄 4.9 万年）、澳大利亚的亨伯里陨石坑群（Henbury craters，直径 < 150 m，年龄 0.42 万年）和沙特阿拉伯的瓦巴尔陨石坑群（Wabar craters，直径 < 110 m，年龄 0.014 万年）。根据依兰陨石坑的规模大小，找到残留陨石坑的可能性较低。目前尚未在依兰陨石坑中发现残留的陨石碎片。

三、瞬态坑

星球碰撞的撞击成坑过程包括接触与压缩，挖掘与溅射，以及重力调整等几个阶段。根据碗形陨石坑的撞击成坑模型，靶区岩石在冲击波作用下发生强烈破碎、位移和溅射，最后形成一个撞击坑。瞬态坑界面是撞击挖掘成坑过程达到的最大深度位置，大致与碗形陨石坑的真实深度位置相同（图 2.18）。瞬态坑界面通常与物质溅射界面位置一致。撞击溅射的部分岩石碎块在四周堆积形成重力状态不稳的瞬态坑坑缘。溅射后回落的部分岩石碎块以及从瞬态坑坑缘坍塌下来的部分岩石碎块将充填回到瞬态坑的底部，构成一个透镜状的撞击角砾岩单元。撞击角砾岩单元底部界面与下伏的基岩相接触，碗形陨石坑底部的撞击角砾岩单元的底部界面即为瞬态坑界面。撞击点附近的压力和温度较高，导致撞击体本身以及部分靶岩物质发生强烈变形、熔融和气化等冲击变质作用。因此，瞬态坑界面附近通常比较富集强烈的冲击变质物质（图 2.20 ）。

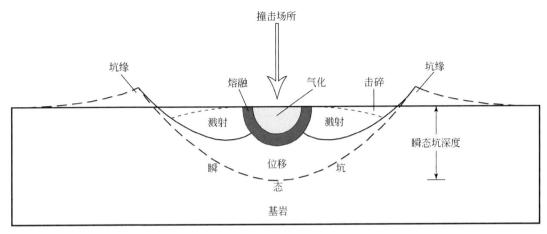

图 2.20　陨石坑撞击成坑模型（据 French，1998）

撞击引起的冲击波作用导致靶区岩石发生强烈破碎以及挖掘成坑。撞击成坑过程中岩石的破碎、位移和溅射导致了一个瞬态坑
的形成。瞬态坑界面是撞击挖掘成坑的最大深度。撞击溅射后回落的部分岩石碎块以及从瞬态坑坑缘坍塌下来的部分岩石碎块
将回填到瞬态坑底部。撞击点附近区域的温度压力较高，导致撞击体本身以及撞击点附近岩石发生强烈的冲击变质

　　研究发现，许多碗形陨石坑的强烈冲击变质物质通常富集在撞击角砾岩单元的底层（Grieve，2005；Stöffler et al.，2006）。这些强烈冲击变质物质被认为是在撞击成坑过程中从瞬态坑的溅射坑壁上滑落下来并在瞬态坑底部堆积的物质（Short，1970；Fredriksson et al.，1973；Grieve and Head，1981；Grieve，2005）。瞬态坑底部附近位置富集强烈冲击变质物质的现象在一些碗形陨石坑中得到了证实，例如加拿大布伦特陨石坑（Brent crater）（Grieve，1978；O'Dale，2021），加拿大西鹰陨石坑（West Hawk crater）和印度罗娜陨石坑（Lonar crater）（Fredriksson et al.，1973），美国巴林杰陨石坑（Barringer crater）（Kring，2007）以及我国的岫岩陨石坑（陈鸣，2014）等。在这些陨石坑中，撞击成坑过程中出现的物质溅射层与瞬态坑底部界面位置基本一致。

　　然而，依兰陨石坑的强烈冲击变质物质富集层位与布伦特陨石坑、西鹰陨石坑、罗娜陨石坑、巴林杰陨石坑和岫岩陨石坑等的产状不完全一致。依兰陨石坑的撞击角砾岩单元产出在坑底 110 ～ 429 m 深度范围，深度 429 m 界面以下为基底花岗岩（图 2.18 ）。在依兰陨石坑中，强烈的冲击变质物质富集层位并没有出现在撞击角砾岩单元底部界面附近位置，而是产出在撞击角砾岩单元中大约三分之二的高度位置，即钻孔中 218 ～ 237 m 深度间隔。这个层位的厚度为 19 m，与撞击角砾岩单元顶部界面之间的距离为 108 m，与撞击角砾岩堆积单元底部界面之间的距离为 192 m。这个强烈冲击变质物质富集层位主要由中细粒花岗岩岩屑组成，其中包含有 5% ～ 10% 的花岗岩冲击熔融物质，含有大量强烈冲击变形矿物和撞击产生的超高压矿物等。与这个富集强烈冲击变质物质层位明显不同的是，这个层位下覆厚度达 192 m 的细粒花岗岩碎屑的冲击变质程度相对较弱，几乎不含花岗岩的冲击熔融物质。

按照陨石坑的撞击成坑模型，依兰陨石坑撞击角砾岩单元的底部界面（深度 429 m）属于瞬态坑底部界面位置。然而，在这里并没有出现强烈冲击变质物质富集层位。强烈冲击变质物质富集层位出现在 218 ~ 237 m 深度间隔。这种地质产状表明，强烈冲击变质物质富集层位应该与撞击成坑过程中的物质溅射界面有关（图 2.21）。在深度上，这个强烈冲击变质物质富集层位的深度大约为撞击体直径的 2 ~ 3 倍的距离，大致符合一般的撞击成坑的挖掘/溅射界面的深度。但是，在这个强烈冲击变质物质富集层位以下，还存在着厚度达 192 m 的花岗岩碎屑堆积，这就表明依兰陨石坑的撞击成坑机制与已知的撞击成坑模型有一定的差异。这个差异就体现在物质溅射界面以下仍然存在着大量没有发生溅射的撞击成因岩石碎屑，或从瞬态坑坑壁上滑落下来的岩屑堆积。很显然，这部分撞击产生的岩石碎屑没有发生大规模的移位和溅射，以原位或近原位状态保存在了瞬态坑的下部区域（图 2.21）。

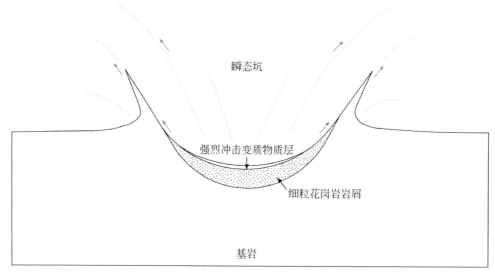

图 2.21　依兰陨石坑溅射界面和瞬态坑界面示意图

陨石撞击挖掘深度与物质溅射界面位置基本一致，这个界面附近以富集靶区花岗岩的强烈冲击变质物质为特征，特别是撞击熔融和气化物质。物质溅射界面以下产出大量细粒花岗岩岩屑，这部分岩屑显然没有发生过大规模移位或溅射，属于原位或准原位堆积产物，或从瞬态坑坑壁上滑落下来的岩屑堆积。细粒花岗岩岩屑堆积的底部界面为瞬态坑界面，与下覆的碎裂花岗岩基岩相接触

依兰陨石坑具有较大的真实深度，保存了一套破碎程度较高和厚度较大的撞击角砾岩单元。依兰陨石坑这种撞击现象使它在地球已知碗形陨石坑中显得十分突出。在地球陨石坑家族中，依兰陨石坑、罗娜陨石坑和岫岩陨石坑是三个大小规模比较接近的碗形陨石坑，直径分别为 1.85 km、1.83 km 和 1.80 km。这三个陨石坑的靶岩均属于结

晶质岩石类型。按照现有的撞击成坑模型，形成这三个陨石坑的撞击体大小应该比较接近。然而我们看到的地质构造特征是：罗娜陨石坑的真实深度为 505 m，靶岩为玄武岩，撞击角砾岩单元厚度 255 m（Fredriksson et al.，1973；Osae et al.，2005）；岫岩陨石坑的真实深度为 445 m，靶岩为变质岩，撞击角砾岩单元厚度 188 m（陈鸣，2014）。依兰陨石坑的真实深度分别是罗娜陨石坑的 1.15 倍，岫岩陨石坑的 1.3 倍。依兰陨石坑的撞击角砾岩单元厚度分别是罗娜陨石坑的 1.25 倍，岫岩陨石坑的 1.7 倍。由此可见，在上述三个规模大小接近的陨石坑当中，依兰陨石坑的撞击成坑深度和形成的撞击角砾岩单元厚度相对较大。另外，依兰陨石坑撞击角砾岩单元的岩石破碎程度也远远大于罗娜陨石坑和岫岩陨石坑。这就表明了不同碗形陨石坑实际发育的地质构造特征除了与靶岩岩性有关之外，也与别的因素有关。根据动能公式（$E_k=1/2\ mv^2$），撞击释放的能量与陨星撞击速度的平方成正比。在一定的撞击体质量大小的情况下，撞击速度的变化对释放的能量影响较大，撞击引发的冲击波强度变化也比较大。因此，依兰陨石坑的形成很可能与一个相对较高的星球碰撞速度有关。

第六节　地质构造景观

陨石坑地质构造景观一般指由星球撞击作用所引起的地表岩层发生变形、碎裂、溅射和堆积等变化特征及其所形成的宏观地质构造现象。依兰陨石坑直径 1850 m，坑缘高出地表达 150 m，地质构造规模宏大，形态奇特，宏伟壮观。

依兰陨石坑大部分区域被森林所覆盖，坑底和坑缘上的树木高度普遍达 10～20 m。在高空鸟瞰陨石坑，它的壮美景色一览无余（图 2.1～图 2.3）。然而，由于被茂密树林和枝叶遮挡住视线，在地表上不易于观察到陨石坑的地质构造景观。设置在陨石坑外西南部附近一座小山丘上的观景台提供了一处较为理想的地质构造景观的观察点。这个由钢铁支架搭建起来的观景台与陨石坑中心的直线距离大约为 1 km，与坑底中心之间高差为 120 m。在这里可以在树顶之上清楚地观察到陨石坑以及周边地区的地形地貌特征。当人们在进入陨石坑中心区域之后，沿着一条铺设在坑底森林沼泽地上的栈桥往南行进，在穿过坑底的一片树林后继续攀登上一座小山丘即可到达这个观景台位置。在观景台上能够清楚地观察到横亘在我们面前的整个圆弧状陨石坑坑缘的形态特征，景观恢宏而壮观（图 2.22）。另外，在这里还可以观察到陨石坑底部洼地、陨石坑南部坑缘缺口，以及陨石坑东南方向冰川槽谷等别的主要地形地貌景观（见下面章节）。

图 2.22 陨石坑西南部小山丘观景台上的依兰陨石坑景观

站在这里往北眺望，恢宏而壮观的陨石坑坑缘以及平缓而开阔的坑底一览无余，尽收眼底。照片中白色部分为冰雪覆盖区域（摄影：王本昆，2021 年 2 月 3 日）

依兰陨石坑现存坑缘部分的长度大约为 3.64 km，保存状态良好。这段比周边地表高出大约 150 m 的坑缘是这个陨石坑的标志性地质构造特征之一。沿着连通整条圆弧形坑缘顶部山脊的一条被绿树掩映的小道，人们不但可以清楚地欣赏到横截面为三角形的坑缘地形地貌特征（图 2.5），还可以沿途考察坑缘顶部和两侧山坡上大量出露的花岗岩碎块堆积（图 2.8、图 2.9）。这些暴露在地表的花岗岩碎块是在撞击成坑过程中由于爆炸效应，从坑内底部被抛射出几十到近千米距离后堆积到这里的物质。陨石坑的环形坑缘就是由这类岩石碎块堆积起来构成的地质体。

陨石坑底部是撞击爆炸的中心区域。这个撞击产生的巨大碗形凹坑在漫长地质岁月中逐渐被后期的沉积物充填，现在已经演变成为一片铺满森林沼泽的洼地，一个天然的湿地公园。这片广阔平坦的森林沼泽地展示了现今陨石坑底部的地形地貌特征，并提供了陨石坑湖泊和洼地演变历史的真实见证。

第三章
冲击变质证据

第一节 引 言

星球碰撞是一个外动力地质作用过程。撞击作用除了导致环形地质构造形成以外，撞击引起的高温高压会导致靶区岩层发生一系列物理和化学的变化。在撞击产生的各种地质现象中，一部分可能与地球本身的一些地质作用结果相类似，另一部分是与冲击波作用密切相关的冲击变质现象。因此，一个地球陨石坑的地质证据可划分为辅助性证据和诊断性证据两个部分。诊断性证据的形成仅与冲击波作用有关，存在于每一个陨石坑，在陨石坑鉴别工作中起到决定性作用。由于辅助性证据也可以出现在非撞击成因的地质构造中，一般可为陨石坑调查提供线索资料。这两部分地质证据在陨石坑调查和论证过程中起到相互补充和相互验证的作用。

一、辅助性证据

地球陨石坑的辅助性证据包括环形地质构造，特殊元素和同位素地球化学异常，陨石残留体，角砾岩，岩石和矿物的一般变形和变质特征，以及岩石和矿物熔融现象等。由于地球上某些内外动力地质作用过程也可以产生类似的地质现象，在未知成因地质构造调查中，这些地质现象的形成原因存在着多解性。因此，这类地质现象在陨石坑调查工作中一般作为参考依据使用。

1. 地质构造

陨石坑一般具有环形的地质构造特征。地表上的环形地质构造可为陨石坑调查提供线索，但不是决定性的证据。众所周知，地表上经由地球内外动力地质作用产生的环形地质构造类型很多，例如火山口、褶皱凹陷、冰斗、岩性差异风化地形，以及地陷形成的凹坑或环形构造等。通过地球物理勘探的方法和地质工程的技术手段，也可探知地表以下存在的某些环形地质构造。如果只是根据地质构造形态特征来推断一个地质构造的成因，往往会得出多种不同的结论。另外，由于地球活跃的内外动力地质作用结果，地表上许多古老的陨石坑都受到了不同程度的地质侵蚀和破坏，导致其形态或地质构造特征变得不甚完整。判断一个地质构造的形成与星球撞击作用有关需要提供冲击波作用证据的支持，特别是岩石和矿物的冲击变质现象。

2. 陨石残留体

陨石坑经由小行星、彗星或流星体等小天体撞击地表形成。在理论上，除了彗星撞击体以外，其他小行星或流星体撞击地表有可能残留下来一些陨石碎片，这些陨石碎片提供陨石坑撞击体方面的物质信息。然而，按照在地表上收集到的陨石碎片位置来判别一个陨石坑地质构造时需要十分谨慎。目前发现陨石碎片的陨石坑直径一般都比较小（大部分直径小于 1.2 km），而且撞击发生的时间也比较晚。在大型陨石坑中发现残留陨石碎片的例子比较少，主要原因是较大规模撞击事件释放出来的巨大能量导致撞击体的绝大部分物质发生了熔融和气化。即使有少量陨石物质残留了下来，这些陨石碎片或混入到数量巨大的靶区岩石碎块中而难以找寻，或受到日后的风化作用影响而消失。由于彗星主要由水、氨、甲烷等冻结的冰块和夹杂许多固体尘埃粒子组成，更难以找到撞击体的遗留物质。另外，即使在一个环形凹坑或环形地质构造中发现了一些陨石碎片，必须调查这些陨石的来源是否与这个地质构造的成因有关，排除那些可能在地质构造形成之后坠落到此地的陨石。

3. 元素和同位素地球化学异常

许多陨石的元素和同位素特征与地球产出的岩石存在一定程度的差异。星球撞击导致的陨石物质混入有可能会导致靶区岩石出现一定程度的特征元素和同位素地球化学异常。通过对陨石坑撞击角砾岩中铁族元素（Co、Ni）和铂族元素（Ru、Rh、Pd、Os、Ir、Pt）丰度以及铬（$^{53}Cr/^{52}Cr$）和锇（$^{187}Cs/^{188}Os$）同位素比值等的分析可以了解撞击体物质类型，为陨石坑判别提供线索。由于撞击体相对于地球撞击靶区岩石的体积要小得多，少量残留的撞击体物质与体积巨大的靶区岩石物质混合在一起会在很大程度上稀释陨石物质带来的特征元素和同位素的丰度，对样品的取样代表性和化学成分检测精度等提出较高的技术要求。另外，一些陨石的元素和同位素含量与地球上的某些岩石元素和同位素丰度十分相近，例如，地球某些地幔岩石中的亲铁元素和铂族元素的含量就与一些陨石中的这些元素的含量相类似。因此，陨石坑的陨石物质特征元素和同位素地球化学异常调查需要十分专业的技术和经验。

4. 角砾岩

星球撞击可导致靶区岩石发生大规模的破碎，形成大量岩石碎块或角砾岩。角砾岩是陨石坑的重要构成物质。除了那些已经受到强烈剥蚀的陨石坑，任何一个保存状态良好的陨石坑中都产出有大量的角砾岩。然而，地球本身地质作用产生的角砾岩也十分广泛，常见的有火山砾岩、岩溶砾岩、冰碛砾岩、构造砾岩、地震砾岩和河成砾岩等。只有在一个环形地质构造的角砾岩中发现了冲击变质现象，这些角砾岩才能被确定为撞击作用产生的角砾岩。撞击角砾岩是冲击变质证据的主要地质载体，是确定一个陨石坑地质构造的关键地质样品。

5. 矿物变形和相变

在撞击事件中，冲击波在靶区岩层中向四周传播过程中会逐渐衰减成为一般的应力波。当冲击波衰减为一般的应力波之后，仍然会导致岩石和矿物发生一系列变形现象，如位错、层错、机械双晶、面状裂隙、不规则状裂隙、晶内应变效应（波状消光）、镶嵌状结构等。火山喷发等高温地质作用过程也会产生大量的熔岩物质。由于岩石和矿物的上述变形和相变现象也可以经由地球本身的地质作用产生，它们一般不作为独立的撞击证据使用。

在依兰陨石坑地质调查中，被揭示的主要辅助性证据有：环形地质构造，花岗岩碎块和岩屑，岩石熔体玻璃等。

二、诊断性证据

星球之间的超高速碰撞释放出来的巨大能量在瞬间转变成为强烈的冲击波。冲击波在靶区岩石中传播引起极高的压力和温度，引发冲击变质作用，导致靶区岩石和矿物出现变形、相变、熔融和气化等一系列物理和化学的变化。那些只能由冲击波作用产生、不能由一般地质作用形成的地质现象被称为撞击作用的诊断性证据，这类证据在地球陨石坑判别中起到"指纹证据"作用。只要在一个"疑似陨石坑"中发现了撞击作用的诊断性证据，就可以确定这个地质构造的星球撞击起源。相反，如果没有找到这类证据，这个地质构造一般不能被认定为陨石坑。

撞击作用诊断性证据主要包括岩石震裂锥、撞击成因超高压矿物、矿物面状变形页理，以及矿物击变玻璃等几大类型（表3.1）。其中，撞击成因超高压矿物、矿物面状变形页理和矿物击变玻璃等属于"矿物冲击变质诊断性证据"。从特征和形成机制上分析，这些撞击作用的诊断性证据均属于物理变化范畴。形成这些地质现象需要达到 2～60 GPa 或更高的冲击压力（注：1 GPa 等于 1 万个标准大气压）。震裂锥是岩石在冲击波作用下出现的一种宏观的变形现象，它的锥面就是在岩石中出现的一种破裂面。岩石锥体的大小从数厘米到十多米都有发育，可以在野外直接观察到。由于震裂锥目前仅仅在少数陨石坑中找到，不属于陨石坑中的普遍地质现象。与此相比较的是，矿物冲击变质诊断性证据几乎在每一个陨石坑中都可以找到。当星球碰撞事件发生时，撞击靶区较大范围的岩层都会受到冲击波作用，矿物冲击变质现象会在陨石坑区域广泛存在。因此，矿物冲击变质特征在地球陨石坑调查工作中起到关键的作用。矿物冲击变质现象属于微观的物理变化特征，一般需要在实验室中借助于分析测试仪器设备来加以检测和确认。

表 3.1　地球陨石坑中常见的撞击作用诊断性证据

性质	类型	种类	冲击压力 /GPa
宏观特征	震裂锥	一种锥体状破裂的岩石碎块，锥体表面存在辐射状条纹，条纹横截面呈现为三角形沟槽	2～10
微观特征	撞击成因超高压矿物	柯石英（石英高压多形）	15～60
		斯石英（石英高压多形）	
		金刚石（石墨高压多形）	
		莱氏石（锆石高压多形）	
		TiO_2-Ⅱ（金红石高压多形）	
	矿物面状变形页理	石英面状变形页理	10～35
		长石面状变形页理	
	矿物击变玻璃	石英击变玻璃	35～50
		长石击变玻璃	

在地球陨石坑调查和成因论证工作中，撞击作用诊断性证据是任何其他地质现象都不能替代的物证，现在几乎已经成为学术界的一类强制性的要求（French，1998；Stöffler and Langenhorst，1994；Koeberl，2002；Reimold and Jourdan，2012）。矿物冲击变质诊断性证据是科学界在一百多年的地球陨石坑探索历史中总结出来的最为常用和有效的陨石坑判别标准。

根据撞击作用的诊断性证据，可以对那些保存状态良好的地球陨石坑起到快、稳、准的判别作用。对于那些受到了地质作用强烈侵蚀和改造，地质构造特征变得模糊不清的陨石坑，可以通过撞击作用诊断性证据来分析其成因起源，恢复其原来的地质构造特征。对于那些被埋藏在地表以下的陨石坑，更需要通过地质工程的技术途径提取到相关的地质样品，在找到矿物冲击变质诊断性证据之后才能确定其成因归属。

在依兰陨石坑研究中，目前已经发现了全部三种类型的矿物冲击变质诊断性证据，这些证据包括撞击成因超高压矿物（柯石英）、石英面状变形页理，以及石英和长石击变玻璃等。依兰陨石坑中一系列矿物冲击变质诊断性证据的发现提供了该陨石坑星球撞击起源的确凿证据。

第二节 花岗岩冲击熔融物质

星球碰撞释放出来的巨大能量可导致撞击靶区部分岩石发生冲击熔融。冲击熔融物质主要产出在撞击点附近冲击压力和温度较高的区域。冲击压力和温度随着与撞击点距离的增加而降低，靶区岩石和矿物的冲击变质现象也由冲击熔融逐步转变为固态相变和其他物理变形特征，直至冲击波衰变为一般应力波。陨石坑中冲击熔融物质数量的多少与撞击规模大小呈正相关关系。复杂陨石坑中的冲击熔融物质数量相对较多，简单陨石坑中的冲击熔融物质数量相对较少。陨石坑中的冲击熔融物质不仅是撞击事件和冲击效应的重要标志之一，而且是其他一系列重要矿物冲击变质现象的主要物质载体之一。

依兰陨石坑是一个撞击规模相对较小的碗形凹坑。该陨石坑形成在花岗岩体上。撞击作用导致了靶区部分花岗岩物质的部分熔融。花岗岩的冲击熔融物质主要产出在陨石坑底部的撞击角砾岩单元之中，与花岗岩碎屑物质混合堆积在一起。钻孔的 218～237 m 深度间隔是花岗岩冲击熔融物质比较富集的一个层位。这个以中细粒花岗岩碎屑为主构成的层位含有的花岗岩冲击熔融物质比例达 5%～10%（图 2.16）。收集到的花岗岩冲击熔融物质主要为形态不规则的硅酸盐玻璃碎屑。由于这些岩石熔体玻璃物质性脆易碎，在钻探和岩心提取过程中发生了明显的机械性破碎，形成了粒度相对较小的玻璃碎片。根据物质组成和形态特征，这些花岗岩冲击熔融物质大致可以划分为以下几种类别：①冲击熔融花岗岩；②水滴状硅酸盐熔体玻璃；③块状硅酸盐熔体玻璃；④泡沫状硅酸盐熔体玻璃。

一、冲击熔融花岗岩

依兰陨石坑形成在侏罗纪碱性长石花岗岩岩体上。无论是构成坑缘的花岗岩碎块堆积，充填在坑底的花岗岩角砾和碎屑堆积，还是陨石坑底部的碎裂花岗岩基岩等，都属于相同岩性的花岗岩物质。这种花岗岩由钾长石、钠长石和石英三种主要的造岩矿物以及少量的云母和磁铁矿等组成。冲击熔融花岗岩碎屑的产出，表明靶区的部分花岗岩在撞击过程发生了冲击熔融。然而，这种冲击熔融花岗岩物质并非一种成分均一的花岗岩质熔体玻璃，而是由不同成分矿物熔体玻璃构成的花岗岩部分冲击熔融物质。

这种冲击熔融花岗岩物质以不规则状碎屑产出，最大粒度为 1.5 cm。碎屑主要由两部分不同成分的矿物熔体玻璃物质构成，一部分是粉红色条带状长石熔体玻璃，另一部分是乳白色不规则状石英熔体玻璃（图 3.1、图 3.2）。很显然，花岗岩中的钾长石和钠长石在撞击过程中均发生了部分熔融。化学成分分析结果表明，长石熔体玻璃的钾、钠氧化物含量（9.04% K_2O，4.21% Na_2O）介于钾长石（16.34% K_2O，0.20% Na_2O）和钠长石（0.11% K_2O，13.34% Na_2O）之间，表明钾长石熔体和钠长石熔体发生了混合，形成一种长石熔体玻璃（表 3.2）。花岗岩中的钾长石颜色展现为粉红色，而钠长石颜色为白色。花岗岩中钾长石含量占 40%～45%，钠长石含量占 20%～25%。由于这种长石熔体玻璃的化学组成以钾长石成分为主，这种玻璃仍然主要呈现为粉红色。冲击熔融花岗岩中的石英熔体玻璃的成分与原来石英的化学组成基本一致（表 3.2）。

由长石熔体玻璃和石英熔体玻璃两种不同成分物质构成的冲击熔融花岗岩的特征表明，长石熔体和石英熔体在撞击过程中并没有发生混合熔融形成化学成分均一的花岗岩质熔体。冲击熔融花岗岩中长石熔体和石英熔体没有形成混合熔体的原因应与样品达到的冲击温度值以及高温持续时间过于短暂等因素有关。

图 3.1　冲击熔融花岗岩碎屑

这是在钻孔 218～237 m 深度间隔的中细粒花岗岩碎屑层中收集到的冲击熔融花岗岩碎屑。碎屑中粉红色条带状物质为冲击熔融长石，乳白色不规则状物质为冲击熔融石英，呈现出明显的流动性构造。花岗岩在撞击过程中发生了部分熔融，长石和石英分别转变为矿物熔体并淬火形成玻璃

熔融石英

气孔

熔融长石

3 mm

图 3.2 冲击熔融花岗岩碎屑

花岗岩发生冲击熔融和淬火，形成由条带状长石熔体玻璃和不规则状石英熔体玻璃相间构成的碎屑物质。长石熔体玻璃中存在气孔状微结构

表 3.2 依兰陨石坑花岗岩中石英、钾长石、钠长石，以及冲击成因柯石英、二氧化硅玻璃、长石熔化玻璃和硅酸盐熔体玻璃的平均化学组成 ［单位: %（质量分数）］

	石英*	柯石英*	二氧化硅玻璃*	钾长石*	钠长石*	长石熔体玻璃*	硅酸盐熔体玻璃*	花岗岩†
分析数	（8）	（8）	（5）	（10）	（10）	（10）	（13）	（4）
SiO_2	100.25	98.94	99.04	64.16	68.19	65.65	75.95	75.82
TiO_2	n.d.	n.d.	n.d.	n.d.	n.d.	n.d.	0.08	0.07
Al_2O_3	0.02	n.d.	0.05	18.60	20.03	18.94	13.18	12.21
FeO	n.d.	n.d.	0.02	0.14	0.22	0.21	1.45	1.24
MnO	n.d.	n.d.	n.d.	n.d.	n.d.	n.d.	0.06	0.03
MgO	n.d.	n.d.	n.d.	n.d.	n.d.	n.d.	0.18	0.12
CaO	n.d.	n.d.	0.02	n.d.	0.31	0.08	0.37	0.43
Na_2O	n.d.	n.d.	n.d.	0.20	11.34	4.21	3.62	3.86
K_2O	n.d.	n.d.	n.d.	16.34	0.11	9.04	4.50	4.72
P_2O_5	n.d.	n.d.	n.d.	n.d.	n.d.	n.d.	n.d.	0.02
总计	100.27	98.94	99.13	99.44	100.20	98.13	99.39	98.52

*电子探针分析；† X 射线荧光光谱分析；n.d. 未检测到。

  冲击熔融花岗岩碎屑的条带状构造特征属于一种典型的流动性构造。条带状长石熔体玻璃的出现表明长石熔体在高温下具有较大的流动性（图 3.1、图 3.2）。这种长石熔体玻璃的结构比较疏松，在肉眼下即可观察到大量微细气孔的存在，样品很容易在外力作用下发生破碎。在扫描电子显微镜下，可以观察到长石熔体玻璃中存在的类似海绵状的密集气孔微结构，气孔形态多为椭圆形或拉长的椭圆形，长轴从数微米到数百微米不等（图3.3）。椭圆形气孔的长轴方向与条带状长石熔体玻璃的延伸方向或熔体的流动性构造方向一致。冲击熔融花岗岩碎屑中的石英熔体玻璃基本不含气孔或含较少气孔。相反，石英熔体玻璃中含有大量经由重结晶形成的超高压矿物柯石英的微晶集合体（见下面章节）。长石熔体玻璃的条带状构造，椭圆形气孔微结构，以及石英熔体玻璃中大量重结晶超高压矿物柯石英的存在，表明这种花岗岩熔体很可能在压力完全释放之前就发生了淬火。

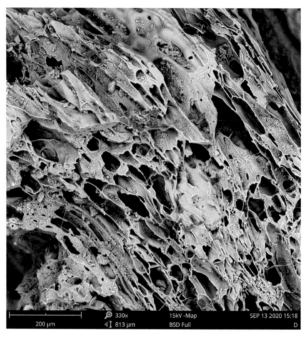

图3.3 冲击熔融花岗岩碎屑中熔融长石微结构电子显微镜背反射电子图像
熔融长石中存在密集的气孔状微结构，气孔形态多为拉长的椭圆形

二、水滴状硅酸盐熔体玻璃

这种硅酸盐熔体玻璃的外形为水滴状或泪滴状颗粒（图3.4）。收集到的玻璃颗粒的短轴直径为1 mm到5 mm，长轴为数毫米到1 cm不等。许多水滴状或泪滴状硅酸盐熔体玻璃通常显示一条断掉的尾部，这种现象与玻璃颗粒尖端的尾巴部分比较薄弱易碎有关。玻璃的颜色呈现为深褐色到黑色，半透明状。玻璃中含有少量气孔。电子探针化学成分分析结果表明，这种玻璃含有75.95% SiO_2，13.18% Al_2O_3，4.5% K_2O 和3.62% Na_2O，主要化学组成与陨石坑靶区花岗岩（碱性长石花岗岩）相类似（表3.2）。因此，

这种硅酸盐熔化玻璃的物质来源与该区花岗岩有关，属于撞击产生的花岗岩熔体物质。水滴状硅酸盐熔体玻璃颗粒的形态特征表明，它们的形成经历了一个撞击熔融和飞行的过程（Koeberl et al.，2007）。在撞击成坑过程中，花岗岩首先发生了冲击熔融，其后熔体液滴发生了溅射。熔体液滴在空中的飞行过程中冷却固结形成水滴状玻璃颗粒。飞行中的熔体或固化的熔体玻璃颗粒与其他撞击溅射的花岗岩角砾和碎屑发生碰撞和大气减速，最后一起回落到陨石坑的底部，充填堆积在撞击角砾岩单元之中（Settle，1980）。

5 mm

图 3.4　水滴状硅酸盐熔体玻璃
玻璃颗粒呈现为水滴状形态，大部分颗粒显示一条断掉的尾巴部分。这些玻璃颗粒产出在钻孔 218 ~ 237 m 深度间隔的中细粒花岗岩碎屑层之中

三、块状硅酸盐熔体玻璃

这种硅酸盐熔体玻璃呈现为不规则状的碎屑颗粒，最大粒度为 1 ~ 2 cm（图 3.5）。玻璃碎屑呈现为深褐色到黑色，半透明状，玻璃状断口，棱角尖锐，基本不含或含有少量的气孔。电子能谱半定量化学成分分析表明，这种玻璃的主要化学成分（SiO_2、Al_2O_3、K_2O、Na_2O）与该区的碱性长石花岗岩和水滴状硅酸盐熔体玻璃相类似（表 3.2、表 3.3）。这种玻璃碎屑与花岗岩碎屑混合产出在一起。根据玻璃的产状和化学成分特点，可以判断这种玻璃物质应为该区花岗岩的撞击熔融产物。这种玻璃的划分主要是基于玻璃碎屑的形态特征。这种玻璃物质显然在钻探岩心提取过程中发生了强烈破碎而呈现为不规则的碎屑状。由于玻璃呈现为不规则碎屑状形态，难以判断这种玻璃碎屑母体原来的产出形态特征。

10 mm

图 3.5　块状硅酸盐熔体玻璃

玻璃碎屑显示玻璃状断口，棱角尖锐。样品来源于钻孔 218 ～ 237 m 深度间隔的中细粒花岗岩碎屑层中

表 3.3　块状硅酸盐熔体玻璃和泡沫状硅酸盐熔体玻璃的
化学成分电子能谱分析结果　　　［单位：%（质量分数）］

	样品号	SiO_2	Al_2O_3	K_2O	Na_2O
块状硅酸盐熔体玻璃	G7	74.81	16.42	4.89	3.88
	G8	75.11	15.98	5.09	3.82
泡沫状硅酸盐熔体玻璃	G9	74.42	16.62	4.96	4.00
	G10	73.71	16.98	4.18	5.13

四、泡沫状硅酸盐熔体玻璃

泡沫状硅酸盐熔体玻璃碎屑形态为不规则状，最大粒度为 2 ～ 3 cm。这种玻璃的特点是充满不同大小的气孔，气孔直径大小从微米级到毫米级不等，形成了一种泡沫状结构的硅酸盐玻璃物质（图 3.6）。气孔形态为不规则状（图 3.6a），或呈圆形和亚圆形（图 3.6b）。玻璃颜色多呈现为黄褐色到深褐色，透明到半透明状。这种充满气孔结构的玻璃物质密度较小，一些颗粒可以浮在水面上。玻璃的化学成分与该区的碱性长石花岗岩、水滴状硅酸盐熔体玻璃、块状硅酸岩熔体玻璃等基本一致（表 3.2、表 3.3）。

泡沫状硅酸盐熔体玻璃的大量产出在陨石坑中比较少见。它的产出表明物质的冲击温度达到或接近于花岗岩熔体的沸腾和气化温度，之后熔体发生了淬火，保存了熔体沸腾时的微结构特征。这种硅酸盐熔体形成的位置应与撞击体和靶岩接触区域附近的较高的压力和温度作用区域有关。

a

b

5 mm

图 3.6　泡沫状硅酸盐熔体玻璃

这是在钻孔 218～237 m 深度间隔的细粒花岗岩碎屑层中收集的玻璃颗粒。玻璃物质中含有丰富的气孔，形成一种泡沫状玻璃。
a. 泡沫状玻璃中的不规则状气孔微结构；b. 泡沫状玻璃中的圆形和亚圆形气孔微结构

与冲击熔融花岗岩中长石熔体玻璃的椭圆形拉长气孔微结构特征不同，泡沫状硅酸盐玻璃中的圆形、亚圆形和不规则状气孔的形态特征表明熔体在压力释放后发生了固化，而前者在熔体固化阶段仍然处在一定的压力状态下。

第三节　石英面状变形页理

一、概述

矿物面状变形页理是某些具有架状晶体结构特点的矿物在冲击波作用下出现的一种特殊物理变形现象，能出现这种变形现象的矿物主要包括石英、长石和锆石等。当冲击加载压力超过矿物的雨贡纽弹性极限（Hugoniot elastic limit），沿着矿物的特定结晶学方向出现的一种微观的塑性变形特征称为矿物面状变形页理。矿物面状变形页理主要由薄层状的非晶态物质组成，也可以由位错带和机械双晶等构成。在自然界中，矿物面状变形页理的形成与冲击波作用有关，任何其他地质作用形式都不能产生这种变形现象。

石英是一种在地表环境下相对比较稳定的矿物，在岩浆岩、沉积岩和变质岩等三大岩石类型以及地表的第四纪沉积物中广泛分布。石英由硅离子和氧离子连接起来构成一种架状的晶体结构，无解理，断口为贝壳状。在强烈的冲击波作用下，在石英晶体中会出现一系列不同结晶学方位的面状变形页理。产生石英面状变形页理所需的冲击压力一般为 10 ~ 35 GPa（Stöffler and Langenhorst，1994；Grieve et al.，1996）。由于石英在自然界分布比较广泛以及产生面状变形页理所需的冲击压力比较低，石英面状变形页理成为地球陨石坑调查中应用最为广泛的冲击变质诊断性证据之一。大部分地球陨石坑的发现和证实主要是基于石英面状变形页理发现所提供的撞击证据。

许多天然岩石中的石英颗粒都存在面状裂隙和不规则裂隙等常见的矿物变形现象。石英面状裂隙和不规则裂隙既可以在撞击作用中产生，也可经由一般的地球内、外动力地质作用形成。因此，正确区分地质样品中石英的面状变形页理、面状裂隙和不规则裂隙对陨石坑调查和撞击证据判别十分重要。矿物面状变形页理在页理厚度、页理组成物质、页理间距、平直度、多组性和页理结晶学方位等方面展现出固有的特征，根据这些特征可以清楚地与石英面状裂隙和不规则裂隙等一般变形现象区分开来。例如，面状变形页理的页理面之间间距小于 8 μm，页理厚度一般小于 1 μm，页理面十分平直；面状裂隙和不规则裂隙的裂隙面之间的间距一般大于 10 μm，不规则裂隙的裂隙面凹凸不平等。

二、石英面状变形页理的特征和产状

依兰陨石坑形成在花岗岩体上，石英是花岗岩的主要造岩矿物之一。花岗岩角砾和碎屑在陨石坑区域分布广泛。对那些产出在陨石坑坑缘、坑底表面，以及坑底撞击角砾岩单元中的体积较大的花岗岩角砾样品的分析结果表明，在这些样品中几乎检测不到石英面状变形页理的存在。很显然，这些花岗岩角砾样品的冲击变质程度相对较低。然而，在陨石坑坑底表面收集的岩石碎屑（砂粒）样品中，以及在坑底地质钻探回收的岩心（岩石碎屑）样品中，都发现了石英面状变形页理的存在。

陨石坑坑底普遍被湖泊相沉积物和土壤覆盖。靠近坑缘附近的地表区域可以收集到一些花岗岩碎屑（砂粒）物质。坑底是环形坑缘物质风化侵蚀产物的聚集和沉积区域，位于坑底表层的这些细小的花岗岩碎屑的来源显然与坑缘上的花岗岩碎屑近期的风化、侵蚀和搬运的物质有关。对这部分砂粒样品的分析结果表明，少数石英颗粒中发育有面状变形页理。这些含有面状变形页理的石英颗粒以发育一组页理为主，少数颗粒发育了多组页理（图3.7a、图3.7c）。这些包含有多组面状变形页理的石英颗粒的发现提供了典型的冲击变质证据（陈鸣等，2020）。拉曼光谱分析证明这些含有面状变形页理的矿物碎屑均为石英，拉曼光谱中的128 cm^{-1}、205 cm^{-1}、264 cm^{-1}、354 cm^{-1}、401 cm^{-1}、464 cm^{-1}、696 cm^{-1}和807 cm^{-1}波数均与石英晶体的拉曼振动有关（图3.7b）。然而，在坑底表面中收集到的岩石碎屑样品中含有面状变形页理的石英颗粒比例较低，颗粒占比不到千分之一。这表明从坑缘上冲刷下来的这些花岗岩碎屑的平均冲击变质程度相对较低，或者含有的强烈冲击变质物质的比例相对较小。然而，在初期阶段的地质调查工作中，坑底表面花岗岩碎屑样品中石英面状变形页理的发现提供了这个地质构造成因与撞击事件有关的重要线索。

依兰陨石坑底部的撞击角砾岩单元中218～237 m深度间隔的中细粒花岗岩碎屑层位以富集冲击熔融花岗岩物质为特征，表明这一层位富含强烈岩石和矿物的冲击变质物质。因此，对这个层位中的花岗岩岩屑开展了石英面状变形页理发育特征的重点调查。首先将粒度小于2 mm的花岗岩岩屑分选出来，用环氧树脂胶将这些岩屑样品固结在一起，然后切片和制作成光薄片。每个制作出来的光薄片中包含有上千颗的细小岩屑颗粒。分析结果表明，在制作的全部85个光薄片中，其中的35个薄片包含有发育面状变形页理的石英颗粒。

撞击角砾岩单元深部特定层位中的一些石英颗粒发育了十分典型的多组面状变形页理（Chen et al.，2021）。单个石英颗粒中可发育1～4组不等的不同结晶学方向的面状变形页理，其中大部分颗粒发育有两组以上的面状变形页理（图3.8、图3.9）。在光学显微镜下，这些面状变形页理显示出十分明锐和平直的页理特征。单组面状变形页理可切穿整个石英颗粒，也可以在石英颗粒局部区域发育。同一组面状变形页理之间相互平行。单层面状变形页理的厚度约为1～2 μm，同组面状变形页理之间的间距为2～10 μm。

三、石英面状变形页理晶面方位与产出频率

石英中发育的面状变形页理均具有特定的结晶学方向。通过偏光显微镜和弗氏旋

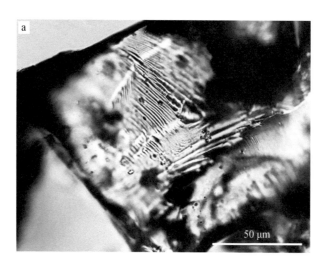

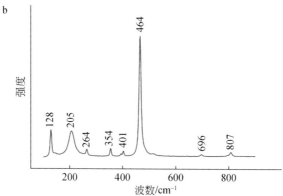

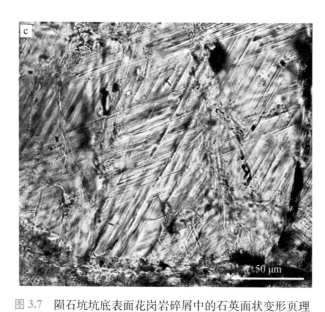

图 3.7　陨石坑坑底表面花岗岩碎屑中的石英面状变形页理

a. 一颗发育了三组面状变形页理的石英碎屑，双目镜；b. 含有面状变形页理的石英碎屑的拉曼光谱图；c. 一颗花岗岩岩屑中发育了两组面状变形页理的石英颗粒，单偏光

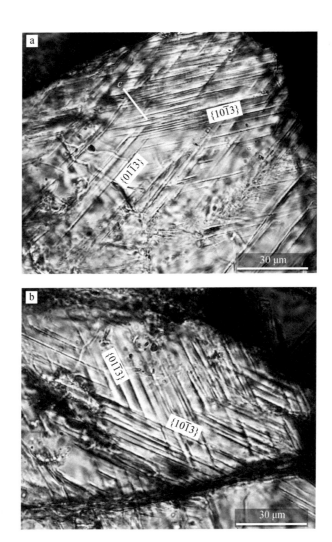

图3.8 陨石坑底部撞击角砾岩单元中石英颗粒中发育的多组面状变形页理，光薄片，正交偏光

a和b图中两个石英颗粒中分别发育了 {10$\bar{1}$3} 和 {01$\bar{1}$3} 两组不同方向的面状变形页理，页理面明锐和平直，部分页理贯穿整个石英颗粒。图中 c 方向代表石英晶体 c 轴方向

转台的仪器组合，可以在样品制作的光薄片上测定出石英面状变形页理的晶体学方位。利用乌尔夫网对测得的面状变形页理晶体学方位数据进行极射赤平投影操作，获得面状变形页理结晶学方向与石英 c 轴之间的夹角及其晶面指数。对测定的石英面状变形页理晶面指数进行统计，可分析出样品中石英面状变形页理的总体发育特征以及与冲击强度之间的关系。在地球陨石坑调查工作中，测定石英面状变形页理的结晶学方向和查明面状变形页理晶面指数发育规律是判断真假石英面状变形页理的一个强制性要求（Stöffler and Langenhorst，1994）。在实际应用中，除了利用偏光显微镜和弗氏旋转台组合仪器来鉴定石英面状变形页理之外，也可以通过透射电子显微镜分析途径来分析石英面状变形页理的结晶学方位和查明页理的组成物相。

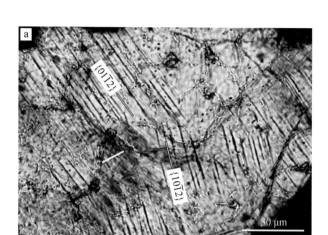

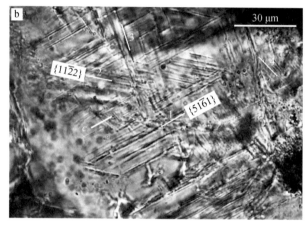

图 3.9 强烈变形石英颗粒中发育的多组面状变形页理，光薄片，正交偏光

a. 石英颗粒中发育 {10$\bar{1}$2} 和 {01$\bar{1}$2} 两组不同方向的面状变形页理；b. 石英颗粒中发育的四组不同方向的面状变形页理，其中可检索的两组页理方向包括 {11$\bar{2}$2} 和 {51$\bar{6}$1}。图中 c 方向代表石英晶体 c 轴方向

为了获得依兰陨石坑石英面状变形页理发育特征的代表性数据和资料，我们对 20 个光薄片样品上的 38 个石英颗粒共 79 组面状变形页理进行了精细测量，确定了这些页理的晶面方位（图 3.10）和晶面指数（图 3.11）。在测定的 79 组面状变形页理中，通过立体投影模板确定的晶面指数一共有 73 组面状变形页理（Ferrière et al.，2009），有效率达 92.4%；暂时未能确定晶面指数的共有 6 组面状变形页理，占 7.6%。经指标化确定的面状变形页理的晶面指数共有 9 种不同类型，其中包括：e{10$\bar{1}$4}，ω{10$\bar{1}$3}，π{10$\bar{1}$2}，ξ{11$\bar{2}$2}，r/z{10$\bar{1}$1}，s{11$\bar{2}$1}，ρ{21$\bar{3}$1}，x{51$\bar{6}$1} 和 m/a {10$\bar{1}$0}/{11$\bar{2}$0} 等方向（表 3.4）。

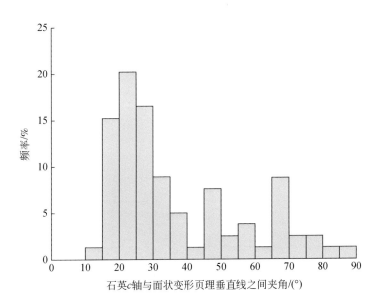

图 3.10　石英面状变形页理的晶面方位（c 轴与页理垂直线之间的夹角）与产出频率关系

对 38 个石英颗粒共 79 组面状变形页理的测量结果表明，晶面方位在 15° ～ 30° 之间出现了一个较高的频率

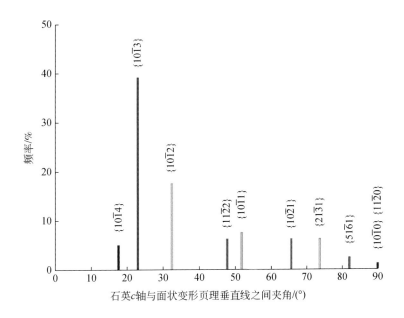

图 3.11　石英面状变形页理晶面指数与产出频率关系

在 79 组面状变形页理中共检索出 73 组面状变形页理的晶面指数。石英面状变形页理的较高出现频率为 $\{10\bar{1}3\}$ 方向，其次为 $\{10\bar{1}2\}$ 方向

表 3.4　依兰陨石坑中石英面状变形页理的晶面指数与产出频率统计结果

晶面符号	晶面指数	c 轴与页理垂直线之间夹角 / (°)	页理总数	比例 /%
e	$\{10\bar{1}4\}$	17.62	4	5.1
ω	$\{10\bar{1}3\}$	22.95	31	39.2
π	$\{10\bar{1}2\}$	32.42	14	17.7
ξ	$\{11\bar{2}2\}$	47.73	5	6.3
r/z	$\{10\bar{1}1\}$	51.79	6	7.6
s	$\{11\bar{2}1\}$	65.56	5	6.3
ρ	$\{21\bar{3}1\}$	73.71	5	6.3
x	$\{51\bar{6}1\}$	82.07	2	2.6
m/a	$\{10\bar{1}0\}$, $\{11\bar{2}0\}$	90.00	1	1.3
未能确定晶面指数	—	—	6	7.6
总数	—	—	79	100

分析结果表明，依兰陨石坑中发育频率较高的石英面状变形页理的晶面指数为 $\omega\{10\bar{1}3\}$ 和 $\pi\{10\bar{1}2\}$，分别达到 39.6% 和 17.7%。地球陨石坑石英面状变形页理分析数据的统计资料表明，晶面指数为 $\omega\{10\bar{1}3\}$ 和 $\pi\{10\bar{1}2\}$ 的石英面状变形页理在天然冲击变质岩石中出现的频率最高，属于石英中最为特征的两组冲击变形指标（Stöffler and Langenhorst，1994；Grieve et al.，1996；Ferrière et al.，2009；Langenhorst and Deutsch，2012）。在地球陨石坑中，$\omega\{10\bar{1}3\}$ 通常是出现频率相对较高的一组石英面状变形页理，$\pi\{10\bar{1}2\}$ 石英面状变形页理的大量发育则与那些经历了相对较高冲击压力的样品或冲击变质程度较高的样品有关。在依兰陨石坑撞击角砾岩单元中提取的石英颗粒的石英面状变形页理发育特征与地球陨石坑石英冲击变形特征的普遍发育模式一致，呈现了典型的冲击变质特征。

第四节　超高压矿物柯石英

一、概述

自然界中的超高压矿物主要有两种不同产状，第一种是在巨大星球内部的高温高压环境下形成的超高压矿物，第二种是在星球碰撞引起的高温高压环境下形成的超高压矿物。超高压矿物在高温高压环境下稳定。在地表和近地表的常温常压环境下，超高压矿物处于不稳定状态或呈亚稳状态。

石英是在低压条件下形成的矿物。柯石英是一种超高压矿物，是石英的高压多形之一。石英的其他高压多形还包括斯石英和塞石英等。不同的石英高压多形形成与不同的温度和压力条件有关。石英具有三方晶系晶体结构。柯石英的密度（3.01 g/cm³）比石英高约13.6%，晶体结构属于单斜晶系。天然柯石英首先发现于美国巴林杰陨石坑，为冲击变质产物（Chao et al.，1960）。撞击成因柯石英的发现在世界陨石坑研究历史中具有里程碑的意义，它的发现不但使得世界第一个陨石坑获得了最终的证实，而且为天然物质冲击变质研究提供了第一种确凿的物质证据，开拓了冲击变质科学这门新兴学科。

在自然界，柯石英在陨石坑、陨石、地球超高压变质带岩石和地幔岩石中都有发现。超高压变质带和地幔岩石中的柯石英属于地球内动力地质作用的产物，陨石坑和陨石中柯石英属于冲击变质作用的产物。撞击作用形成的柯石英与地球内生地质作用形成的柯石英在地质产状上存在明显的区别。超高压变质带和地幔中柯石英的形成深度大于32 km（吕古贤等，2000），柯石英晶体颗粒较大，单晶粒度可达毫米级以上，与寄主岩石中其他结晶质矿物共生。陨石坑和陨石中柯石英形成所需的冲击压力为30～60 GPa（Stöffler，1971；Stöffler and Langenhorst，1994），常以微晶集合体形式产出在二氧化硅玻璃中，柯石英单晶粒度一般小于1 μm。陨石坑中柯石英微晶集合体与二氧化硅玻璃这种特殊的物相组合仅可通过冲击变质作用产生，任何其他地质作用都不可能形成这种物相组合。因此，地质样品中微晶柯石英集合体与二氧化硅玻璃的物相组合成为天然冲击变质岩石或陨石坑的重要判别标志之一。

天然岩石中石英或二氧化硅物质的存在是柯石英形成的重要前提条件之一。在强烈的撞击作用下，靶区岩石中的石英首先发生冲击熔融，柯石英随后从二氧化硅熔体中结晶析出。冲击波在靶区岩石中传播引起极高的压力和温度，柯石英是在冲击压力释放阶段形成的高压相。根据柯石英和二氧化硅相图资料（Kanzaki，1990；Zhang et al.，1996），当冲击压力从峰值降低到13.5～4.5 GPa时将进入柯石英的稳定场，柯石英从二氧化硅熔体中结晶析出（Chen et al.，2010）。

二、柯石英产状

在依兰陨石坑中发现了大量的柯石英，这些撞击成因的柯石英主要产出在陨石坑底部撞击角砾岩单元之中（Chen et al.，2021）。撞击角砾岩单元218～237 m深度间隔中存在一种冲击熔融花岗岩碎屑（图3.1、图3.2）。这种冲击熔融花岗岩碎屑由两种不同矿物熔体物质构成，一部分是石英冲击熔融形成的石英熔体玻璃，另一部分是长石冲击熔融形成的长石熔体玻璃。柯石英产出在石英熔体玻璃之中（图3.12）。

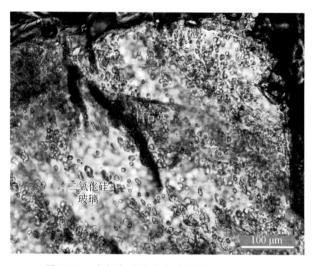

图 3.12　冲击熔融花岗岩碎屑中的柯石英产状

图中白色透明部分物质为二氧化硅玻璃，分布在二氧化硅玻璃中的黄褐色微晶或微晶集合体为柯石英。光薄片，单偏光

石英熔体玻璃在光学显微镜下呈现为无色透明的物质。这种无色透明的二氧化硅玻璃中包含大量黄色-浅黄褐色的微晶集合体，这些微晶集合体即为柯石英。冲击熔融花岗岩中不同区域石英熔体玻璃的柯石英含量不等，最高可达80%。电子探针化学成分分析结果表明，柯石英含98.94% SiO_2。柯石英的化学成分与二氧化硅玻璃以及花岗岩中石英的化学成分基本相同（表3.2）。

石英熔体玻璃中的柯石英通常以球粒状（图3.13a）、似针状（图3.13b），以及不规则团状（图3.13c）等多种形态的微晶集合体产出。球粒状柯石英微晶集合体直径为 5～25 μm；似针状柯石英微晶集合体直径为 2～8 μm，长度为 20～60 μm。不规则团状柯石英微晶集合体通常由球粒状柯石英微晶集合体聚集在一起构成。球粒状柯石英微晶集合体还可以组合成为串珠状微晶集合体。这些不同形态特征的柯石英微晶集合体均分布或被包裹在二氧化硅玻璃之中。在高倍数光学显微镜下可以观察到，柯石英微晶集合体中的柯石英单晶十分细小，单晶粒度一般小于 1 μm。依兰陨石坑中柯石英的产出特征与在其他地球陨石坑中发现的柯石英的产状特征基本一致（Chao，1967；Stöffler and Langenhorst，1994；Stähle et al.，2008；Chen et al.，2010；Jaret et al.，2017）。

三、柯石英物理分析

对岩石光薄片样品上柯石英微晶集合体进行的原位拉曼探针光谱分析结果表明，在 520 cm^{-1} 波数显示出一个较强的拉曼散射峰，另外在波数 815 cm^{-1}、786 cm^{-1}、466 cm^{-1}、

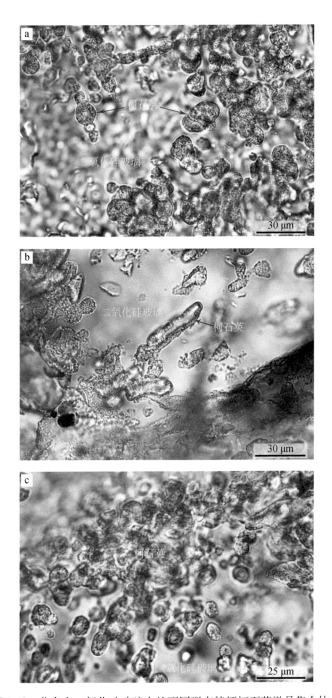

图 3.13 分布在二氧化硅玻璃中的不同形态特征柯石英微晶集合体

a. 球粒状柯石英微晶集合体；b. 似针状柯石英微晶集合体；c. 由球粒状柯石英多晶集合体聚合在一起构成的不规则团状柯石英微晶集合体。光薄片，单偏光

427 cm^{-1}、356 cm^{-1}、326 cm^{-1}、268 cm^{-1}、204 cm^{-1}、174 cm^{-1} 和 150 cm^{-1} 等存在一系列相对较弱的拉曼散射峰（图 3.14）。这些拉曼散射峰的产生均与柯石英有关，其中波数 520 cm^{-1} 的拉曼散射峰属于柯石英的特征峰（Boyer et al.，1985；Hemley，1987）。

另外，在波数 250 ~ 550 cm^{-1} 和约 488 cm^{-1}，约 600 cm^{-1}、约 810 cm^{-1} 等位置出现了若干较为宽阔的拉曼散射带，这是由柯石英周围低密度二氧化硅玻璃引起的拉曼散射（Okuno et al.，1999）。

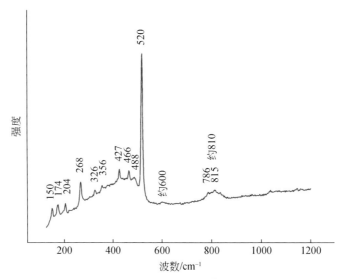

图 3.14　柯石英拉曼光谱图。图中波数 520 cm^{-1} 的拉曼散射峰为柯石英的特征峰

　　冲击熔融花岗岩碎屑中石英熔体玻璃物质的 X 射线衍射分析结果表明，这种物质包含了多种不同的物相（图 3.15）。经鉴别，这些物相分别为柯石英、石英、鳞石英和二氧化硅玻璃。在二维的 X 射线衍射花样上，柯石英和石英的衍射线均展现为一系列连续的衍射环，这种衍射环的特征表明柯石英和石英均以微晶集合体产出（图 3.15a）。在 X 射线衍射分析中，一共检测到了 14 条来自柯石英的衍射线，9 条来自石英的衍射线（图 3.15b）。在 X 射线衍射分析的低角度区域（2θ=22°），还出现了一个较为宽阔的衍射带，这个衍射带特征指示了非晶态物质的存在（Rida and Harb，2014）。非晶态物质的 X 射线衍射分析结果与光学显微镜、电子探针和拉曼光谱分析揭示的二氧化硅玻璃物质相一致。

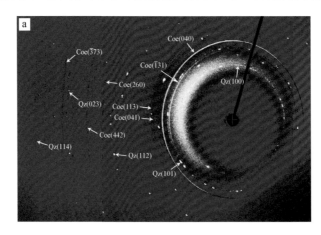

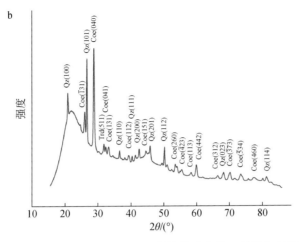

图 3.15　冲击熔融花岗岩碎屑中石英熔体玻璃的 X 射线衍射分析图谱

a. 二维的 X 射线衍射花样图，图中的一系列衍射环与柯石英（Coe）、石英（Qz）和鳞石英（Trd）三种矿物有关，表明柯石英和石英均以微晶集合体产出；b. 从二维 X 射线衍射花样转换的 X 射线衍射谱图，在低角度区域（2θ=22°）出现的宽阔衍射带由二氧化硅玻璃引起

四、柯石英形成过程

冲击熔融花岗岩碎屑中的石英熔体玻璃主要由柯石英、石英和低密度二氧化硅玻璃几种物相组成。这些物相的存在表明冲击产生的二氧化硅熔体经历了一个从高密度到低密度的变化过程，表明体系从高压到低压的变化。石英首先发生了冲击熔融并形成了一种高密度的二氧化硅熔体。在压力释放和温度降低过程中，柯石英首先从高密度二氧化硅熔体中结晶析出（Stähle et al.，2008；Chen et al.，2010）。柯石英微晶集合体的球粒状和针状形态特征表明，这些柯石英是从高密度二氧化硅熔体中快速结晶的产物。当压力降低到柯石英稳定场以外，柯石英结晶作用停止，石英开始从低密度二氧化硅熔体中结晶，直至残留的二氧化硅熔体最终固化为玻璃。样品中低密度二氧化硅熔体玻璃的性质，表明残余的二氧化硅熔体固化时的压力已经基本释放。

第五节　石英及长石击变玻璃

一、概述

矿物击变玻璃（diaplectic glass），也被称为矿物继形玻璃（thetomorphic glass），专门用于描述矿物在冲击波作用下没有经过熔融阶段而直接发生固态相转变形成的玻璃态物质（DeCarli and Jamieson，1959；Chao，1967；Engelhardt and Stöffler，1968）。与矿物熔体玻璃形成过程所经历的液态阶段不同，矿物击变玻璃的形成属于一个从晶态到非晶态的直接固态变化过程，矿物在这个变化过程中基本保持了原有的形态特征不变。很显然，在矿物击变玻璃的形成过程中，冲击温度并没有达到矿物的熔融温度。在自然界中，矿物击变玻璃只能经由冲击波作用形成，不能经由其他地球内外动力地质作用过程产生，因而被归属于矿物冲击变质诊断性证据范畴。在陨石坑调查中，正确辨识矿物击变玻璃和矿物熔体玻璃十分重要。

陨石坑中常见的矿物击变玻璃包括石英击变玻璃和长石击变玻璃。矿物击变玻璃的形成与矿物面状变形页理的发育具有密切的关系（Goltrant et al.，1992；陈鸣，2014）。矿物面状变形页理通常由薄层状非晶态物质组成，面状变形页理实际上属于局域的击变玻璃化现象。当矿物中发育了较为密集的面状变形页理时，可导致整个矿物的玻璃化转变（Goltrant et al.，1992）。在冲击压力条件上，矿物面状变形页理与矿物击变玻璃之间紧密衔接。例如，形成石英面状变形页理的冲击压力条件为 10 ～ 35 GPa，而石英击变玻璃的形成冲击压力条件为 35 ～ 50 GPa（Stöffler，1972；Stöffler and Langenhorst，1994）。由此可见，当冲击压力增加时，石英面状变形页理的进一步发展可转变成为石英击变玻璃。由于矿物击变玻璃的形成过程并没有达到矿物的熔融温度，矿物击变玻璃中通常会残留有石英面状变形页理的痕迹，这种微结构特征成为矿物击变玻璃的重要判别标志之一（陈鸣，2014）。

一些研究提出矿物面状变形页理属于一种高密度的熔体玻璃，进而将冲击产生的矿物高压熔体淬火形成的玻璃物质也归属为矿物击变玻璃（Langenhorst，1994；Stöffler，2000）。他们认为始发于矿物面状变形页理的冲击熔融扩展至整个晶体并导致了整个晶体的熔融，熔体在压力释放之前淬火形成矿物击变玻璃。然而，我们的研究表明，矿物击变玻璃与高密度矿物熔体玻璃和低密度矿物熔体玻璃三者之间在特征与形成机制上存在明显的区别。

矿物击变玻璃是在冲击压缩期间形成的一种高密度玻璃，它的密度高于一般的低密度熔体玻璃（Stöffler and Langenhorst，1994）。在自然界的矿物熔体玻璃中存在高密度熔体玻璃和低密度矿物熔体玻璃两种不同性质的物质。低密度熔体玻璃是低压下淬火形成的玻璃。闪电管石就是一种由落地闪电产生的高温作用使得地表岩石熔化而生成的玻璃物质，这类玻璃物质中通常可以找到由石英熔融形成的"焦石英"。这类矿物熔体玻璃的形成不需要高压环境，属于一种低密度的玻璃。

天然的高密度矿物熔体玻璃经由撞击作用形成，而低密度矿物熔体玻璃形成不一定与撞击作用有关。低密度矿物熔体玻璃不被列入冲击变质诊断性证据范畴。因此，有必要将矿物击变玻璃和矿物熔体玻璃区分开来（Chen and El Goresy，2000）。事实上矿物击变玻璃与矿物熔体玻璃在微结构特征存在明显的差别。石英击变玻璃中不具有流动状构造，并常常残留着一些不规则状裂隙、面状裂隙或面状变形页理等矿物变形微结构的痕迹，局部甚至还会残留一些结晶质微区，表明这种玻璃的形成过程并没有发生过熔融。石英熔体玻璃的结构比较均一，不存在任何变形微结构的痕迹，局部可见流动状构造。据此可以将矿物击变玻璃与矿物熔体玻璃区分开来。

二、含矿物击变玻璃的花岗岩碎屑产状

依兰陨石坑的矿物击变玻璃产出在撞击角砾岩单元中，主要分布在钻孔 218 ~ 237 m 深度间隔的中细粒花岗岩碎屑层位（图 2.16）。这些含有矿物击变玻璃的花岗岩碎屑粒度小于 2 cm（图 3.16、图 3.17）。在手标本上可观察到这类岩屑发生了强烈的破碎，钾长石和石英发生明显的变形和碎裂，但没有发生明显的冲击熔融。一些花岗岩碎屑与硅酸盐熔体玻璃粘连在一起，含有矿物击变玻璃的花岗岩碎屑部分并没有出现熔融现象（图 3.17）。与正常的花岗岩比较，这些花岗岩碎屑中的石英和钾长石的颜色发生一定程度的变化，石英从无色透明变成了不透明的乳白色，钾长石由原来的半透明浅粉红色变为浑浊和较深的粉红色。

在光学显微镜下观察这种强烈冲击变质花岗岩碎屑，可见岩石中的石英和长石都发生了强烈的变形和破碎。不同的石英和长石碎屑呈现出光学性质的变化，一些石英和钾长石的光学干涉色明显降低，一些石英和钾长石颗粒发育波状消光，另外一些颗粒则在正交偏光下呈现出全消光性质。这些发生光学全消光的矿物颗粒已经转变成为石英击变玻璃和钾长石击变玻璃。

图 3.16　含有石英击变玻璃和钾长石击变玻璃的强烈冲击变质花岗岩碎屑

花岗岩碎屑变形和破碎程度较高，图中粉红色部分为钾长石，乳白色部分为石英。与正常的花岗岩比较，花岗岩碎屑中的石英从无色变为乳白色，钾长石变为浑浊和较深的粉红色

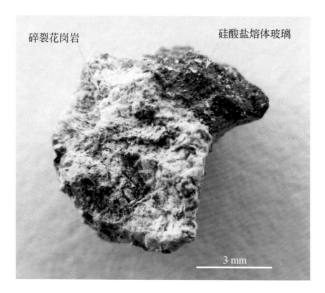

图 3.17　与硅酸盐熔体玻璃粘连在一起的强烈冲击变质花岗岩碎屑

黑色部分为硅酸盐熔体玻璃，浅色部分为未发生冲击熔融的花岗岩碎屑

三、石英击变玻璃

在分析的强烈冲击变质的花岗岩岩屑中，几乎全部石英都已经转变成为击变玻璃物质（图 3.16、图 3.17）。这些石英击变玻璃大致保持着石英颗粒原来的形态特征，或呈现为不规则状的碎屑形态。在光学显微镜的单偏光下（小于 20 倍目镜），石英击变玻璃呈现为无色和半透明状物质。在较高放大倍数下（50 倍目镜），石英击变玻璃中显示出多组密集的面状变形页理微结构痕迹（图 3.18～图 3.20）。在正交偏光下，石英击变玻璃显示全消光，表明石英已经发生完全的玻璃化转变（图 3.18）。

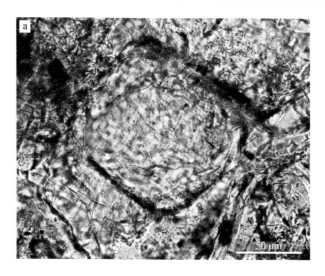

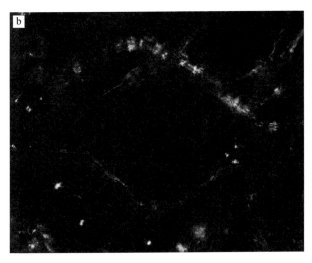

图 3.18　强烈冲击变质花岗岩中的石英击变玻璃

a. 单偏光下石英击变玻璃显微图像，石英击变玻璃中显示出网格状多组密集的面状变形页理微结构痕迹。b. 正交偏光下石英
击变玻璃图像，显示光学全消光性质。光薄片

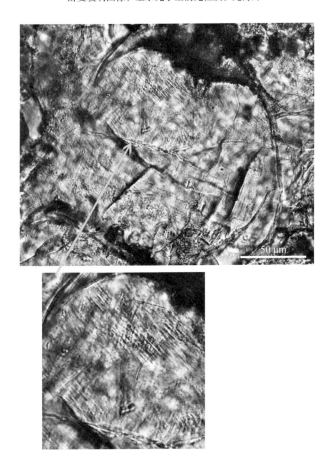

图 3.19　石英击变玻璃 1

图像中显示了两组密集的面状变形页理微结构痕迹，一组为北北西 - 南南东方向，另一组为北北东 - 南南西方向。图中箭头
指示局部放大的微结构图像。光薄片，单偏光

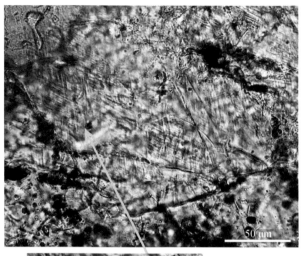

图 3.20　石英击变玻璃 2

图像中显示了两组密集的面状变形页理微结构痕迹，一组为北西西－南东东方向，另一组为北北西－南南东方向。图中箭头指示局部放大的微结构图像。光薄片，单偏光

　　所有石英击变玻璃中均存在着密集的面状变形页理微结构痕迹，测得的面状变形页理痕迹之间的间距从 0.6 μm 到 1 μm 不等。石英击变玻璃中保存的面状变形页理微结构痕迹与在我国岫岩陨石坑中观察到的石英击变玻璃微结构特征完全相同（陈鸣，2014）。石英击变玻璃中多组面状变形页理微结构痕迹的存在，清楚表明从石英晶体到击变玻璃化转变的过程中并没有发生过冲击熔融。如果发生了冲击熔融，这类面状变形页理微结构痕迹将不复存在。

　　含有柯石英的二氧化硅玻璃属于一种熔体玻璃（图 3.12、图 3.13）。相比较可知，石英击变玻璃的微结构特征与这种二氧化硅熔体玻璃存在明显差异。二氧化硅熔体玻璃物质的结构比较均一，不存在任何变形微结构痕迹。在形成过程和机制上，石英击变玻璃的微结构特征与这种二氧化硅熔体玻璃也不相同。矿物面状变形页理和矿物击变玻璃均形成在冲击压缩阶段，矿物并没有出现过熔融状态。如果石英发生了冲击熔融，

在冲击压缩阶段中出现的各种变形微结构也会随之被抹去。含有柯石英的二氧化硅玻璃的形成过程首先是石英熔体的形成，其后是柯石英的结晶和残留的二氧化硅熔体淬火。冲击压缩初期阶段产生的各种变形微结构都会由于后一阶段二氧化硅熔体的产生而消失。因此，二氧化硅熔体玻璃与石英击变玻璃两者之间不但形成机制和条件不一样，微结构特征也不一样。

由于石英击变玻璃形成在冲击压缩阶段，属于一种高密度的二氧化硅玻璃物质。这种高密度二氧化硅玻璃的拉曼光谱特征与低密度二氧化硅玻璃之间存在着明显的区别。石英击变玻璃和低密度二氧化硅玻璃均在波数 $300 \sim 500 \text{ cm}^{-1}$、约 600 cm^{-1} 和约 800 cm^{-1} 等出现特征的拉曼散射，表明这些物质的非晶态性质。然而，石英击变玻璃在波数 496 cm^{-1} 位置存在一个特征谱峰（D1 峰），而低密度二氧化硅玻璃的 D1 峰位置降低到波数 486 cm^{-1}（图 3.21）。石英击变玻璃的 D1 峰波数（496 cm^{-1}）比低密度二氧化硅玻璃的 D1 峰（486 cm^{-1}）增加了大约 10 个波数。D1 峰波数增加与玻璃的密度增加有关（Okuno et al.，1999）。由此可知，石英击变玻璃的密度高于含有柯石英的二氧化硅玻璃，前者属于高密度二氧化硅玻璃，后者属于低密度二氧化硅玻璃。石英击变玻璃是在冲击加载期间形成的高密度玻璃。柯石英是在压力释放期间从二氧化硅熔体中结晶的产物，当残余的二氧化硅熔体发生固化时压力已经基本释放，形成了低密度玻璃。

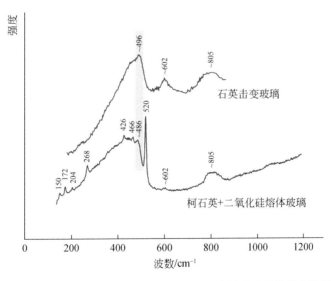

图 3.21　石英击变玻璃与含柯石英二氧化硅熔体玻璃的拉曼光谱图

图中显示石英击变玻璃的 D1 峰（496 cm^{-1}）波数大于二氧化硅熔体玻璃的 D1 峰（486 cm^{-1}）波数，这个波数的差异表明前者密度大于后者。波数 520 cm^{-1}、466 cm^{-1}、426 cm^{-1}、268 cm^{-1}、204 cm^{-1}、172 cm^{-1} 和 150 cm^{-1} 等归属于柯石英的拉曼散射

四、长石击变玻璃

在强烈冲击变质花岗岩岩屑中发现有钾长石击变玻璃的产出。在这种花岗岩岩屑中，绝大部分石英都已经转变成为击变玻璃。然而，样品中大部分钾长石以发生强烈变形和光学干涉色降低现象为主，仅有一小部分钾长石转变成为击变玻璃。在光学显微镜的单偏光下，钾长石击变玻璃呈现为半透明状、浅粉红色。在正交偏光下，钾长石击变玻璃呈现出全消光性质，表明这些钾长石已经发生了非晶化转变（图 3.22）。在较高放大倍数下（50 倍目镜），钾长石击变玻璃中显示出一组面状变形页理的微结构痕迹，面状变形页理痕迹之间的间距从 0.7 μm 到 1 μm 不等（图 3.22）。钾长石击变玻璃中面状变形页理微结构痕迹的存在表明钾长石在玻璃化转变过程中没有发生熔融。此外，还可以观察到一些钾长石击变玻璃碎屑中存在不含面状变形页理微结构痕迹的微区部分，表明这些微区中的物质显然已经发生了初始熔融，转变成为长石熔体玻璃（图 3.23）。

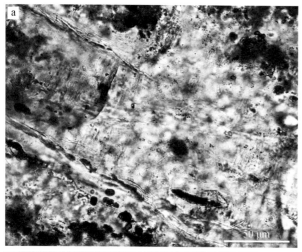

图 3.22　强烈冲击变质花岗岩中的钾长石击变玻璃

a. 单偏光下钾长石击变玻璃图像，图中显示了北北东 - 南南西方向的一组面状变形页理微结构痕迹，表明原来的矿物颗粒没有发生冲击熔融；b. 正交偏光下发生全消光的钾长石击变玻璃图像，图中左下角局部未消光物质为残留的结晶质微区。光薄片

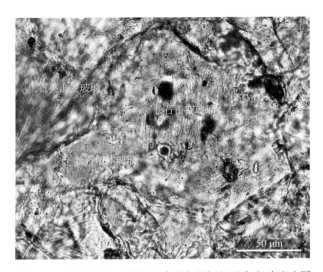

图 3.23　被包裹在石英击变玻璃中的钾长石击变玻璃碎屑

钾长石击变玻璃中保存有面状变形页理微结构痕迹。钾长石击变玻璃碎屑边缘发生了局部熔融，形成长石熔体玻璃，长石熔体玻璃中不含面状变形页理微结构痕迹。光薄片，单偏光

　　长石在 30 ～ 45 GPa 冲击压力下发生击变玻璃化转变，大于 45 GPa 冲击压力下发生冲击熔融（Stöffler，1972；Stöffler and Langenhorst，1994）。样品中钾长石击变玻璃与少量长石熔体玻璃共存现象表明冲击压力已经接近于长石冲击熔融的压力。

# 第四章
陨石坑年龄

第一节 引 言

地质体年龄或地质事件发生时间可采用绝对地质年代测定法或相对地质年代测定法来确定。绝对地质年代测定法主要是通过对地质事件中形成的物质的放射性同位素含量分析，根据放射性同位素衰变规律计算得出物质的形成年龄，实现对地质事件的精确定年。相对地质年代测定方法，又称为年代地层学方法，主要是通过放射性同位素测年技术等方法，测定覆盖在目标地质体上面的地层的形成时间或相对新老关系来确定地质事件的发生时间。一系列分析测试技术和方法已被应用于测定地球上的陨石坑年龄，如放射性同位素测年法（U-Th-Pb法、K-Ar和Ar-Ar法、铀系不平衡法、碳十四法等）、热释光测年法、光释光测年法、裂变径迹测年法等。

星球撞击引起的高温高压可导致靶区岩石发生一系列物理和化学的变化。从理论上来说，可利用放射性同位素分析方法对陨石坑的某些冲击变质物质，如熔体玻璃、重结晶岩石和矿物等，进行精确定年，通过分析撞击热扰动事件年龄来确定撞击事件的发生时间。然而大量研究表明，陨石坑中大部分冲击变质物质都不大适合于开展放射性同位素精确测年，仅有一些特殊样品可用于放射性同位素精确测年。这种状况是由天然冲击变质产物的特殊性质决定的。大部分冲击变质物质经历了一个快速加热和淬火的过程，样品中原来的放射性元素衰变产物难以在极其短暂的热事件中完全逃逸出去而大部分残留在样品之中，常常导致测定出来的年龄数据偏离实际的撞击年龄。

依兰陨石坑年龄采用了绝对地质年代测定法和相对地质年代测定法相结合的方法来确定。用于撞击事件绝对年龄分析的地质样品为撞击炭化的植物碎片，用于撞击事件相对年龄分析的地质样品为陨石坑底部的湖泊相沉积物。这两组年龄的分析结果精确地限定了撞击事件的发生时间。

第二节　撞击炭化植物

一、木炭的产状与特征

在依兰陨石坑底部充填物质中发现了少量撞击成因木炭碎片，这是一些在撞击事件过程中形成的炭化植物碎片（图 4.1）。这些木炭碎片分布在陨石坑底部的撞击角砾岩单元之中，是在 218～237 m 深度间隔的钻孔岩心中收集到的样品。木炭碎片的粒度大小为 3～15 mm，与花岗岩碎屑和花岗岩熔体玻璃等靶区岩石的撞击产物混合堆积在一起。这些木炭碎片呈现出乌黑的颜色、半金属光泽、质脆，断口清晰并参差不齐。由于收集到的木炭均为较小的碎片状并呈现出明显的断口，推测原来产出在撞击角砾岩单元中的木炭应该具有比现在更大的粒度或体积。木炭的机械强度较低，极易受力变形和破碎。在地质钻探和岩心提取过程中，受到机械力作用的木炭必然发生了进一步的破碎。

a

b

5 mm

图 4.1　依兰陨石坑中的木炭碎片

木炭碎片产出在陨石坑底部的撞击角砾岩单元之中，共收集到了两种不同类型植物的木炭碎片。a. 被子植物形成的木炭；b. 裸子植物形成的木炭，样品右边的平直断面为样品切割痕迹，被切割下来的样品用于碳十四代分析

微观形貌观察表明，木炭碎片保存的木质部管状微结构遗迹清晰可见（图 4.2）。

在生长的树木中，管状微结构主要起到自下而上输送水分及溶于水中的无机养料的输导组织作用。在收集到的木炭样品中，可观察到胞管和导管两种不同类型的管状微结构特征。这两种类型管状微结构分别对应于阔叶林（被子植物）和针叶林（裸子植物）树木。

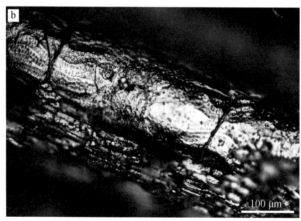

图 4.2　木炭中保存的木质部管状微结构遗迹

a.具有胞管微结构的木炭，属于被子植物；b.具有导管微结构的木炭，属于裸子植物。光学显微镜图像、反射光

拉曼光谱分析表明，这些木炭碎片均显示了波数为 1585 cm^{-1} 和 1358 cm^{-1} 两个宽阔的拉曼散射峰（图 4.3）。这两个峰位分别与木炭特有的 G 带（Graphitic carbon）和 D 带（Disordered carbon）的拉曼散射有关（Cohen-Ofri et al., 2006；Francioso et al., 2011）。在木炭的拉曼光谱图中，在波数 1083 cm^{-1} 位置还出现了一个比较微弱的拉曼散射峰，这个拉曼散射峰与存在的碳酸盐矿物有关，是矿物中 CO_3^{2-} 基团引起的拉曼散射。光学显微镜观察表明，充满孔隙的木炭上面附着有一些碳酸盐物质（图 4.4）。

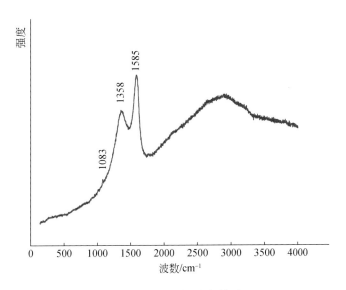

图 4.3　　木炭的拉曼光谱图

波数为 1585 cm⁻¹ 和 1358 cm⁻¹ 的拉曼散射峰分别归属于木炭的 G 带和 D 带。波数为 1083 cm⁻¹ 的拉曼散射峰与碳酸盐矿物有关

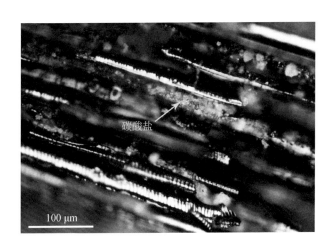

图 4.4　　附着木炭上的碳酸盐物质，光学显微镜图像，反射光

X 射线衍射结构分析表明，木炭碎片在 2θ 角 24° 和 44° 附近出现两个较为宽阔的衍射峰，其中 24° 衍射峰强于 44° 衍射峰（图 4.5）。2θ 角 24° 和 44° 这两个衍射峰与石墨晶体结构中的（002）和（101）晶格面网有关（Fayos，1999）。这些木炭样品的 X 射线衍射特征与其他炭化植物样品的分析结果基本一致（侯伦灯等，2005）。与标准的石墨 X 射线衍射谱图相比较，木炭样品的（002）和（101）衍射峰位置略为向低角度方向漂移，表明这些木炭样品是由粒度极为细小的石墨状结构物质组成，属于一种以石墨状晶畴为基础的无定形碳。

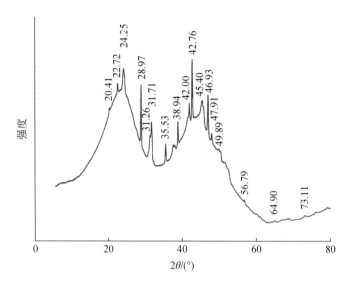

图 4.5　木炭碎片 X 射线衍射谱图

2θ 角 24° 和 44° 这两个宽阔的衍射峰与木炭中的石墨状晶畴集合体有关。在 2θ 角 20.41° 到 73.11° 范围内出现的一系列相对明锐的衍射峰与方解石－菱锰矿类质同象系列的碳酸盐矿物有关

木炭样品的 X 射线衍射图显示，在 2θ 角 20.41° 到 73.11° 区间出现了一系列与碳酸盐矿物有关的较强衍射峰（图4.5）。这些衍射峰位置与方解石－菱锰矿（$CaCO_3$-$MnCO_3$）类质同象矿物的衍射峰相对应。木炭样品的 X 射线衍射分析揭示的碳酸盐物质信息与拉曼光谱分析结果相吻合。依兰陨石坑底部撞击角砾岩单元是一个富含地下水的层位，松散堆积在一起的花岗岩碎屑长期浸泡在地下水中。木炭碎片与这些松散花岗岩碎屑产出在一起。很显然，在漫长的地质岁月中，溶解在地下水中的碳酸盐物质被木炭吸附或在木炭上发生了沉淀，导致木炭上附着了少量的碳酸盐矿物。

二、木炭的撞击成因

木炭是树木在缺氧的环境中燃烧或者在隔绝空气的条件下发生热解的产物。天然木炭的形成主要与山火和闪电有关。木炭是一种深褐色或黑色的单质碳，一种大致保持着树木原来结构特征的无定形碳，木炭中通常在孔内残留着一些焦油成分。依兰陨石坑撞击角砾岩单元中的木炭碎片与花岗岩碎屑混合产出在一起，表明两者之间在成因上的密切联系。收集到的木炭碎片位于撞击角砾岩单元内部，距离撞击角砾岩单元上部界面 108 m，距离撞击角砾岩单元底部界面 192 m。这些木炭的产出位置表明它只能在撞击成坑过程中混合到花岗岩碎屑之中，后期的地质作用过程无法将木炭带入到所处的位置。

在撞击成坑过程中，陨石坑底部撞击角砾岩单元中 218～237 m 深度间隔的花岗岩碎屑层是一个溅射界面并曾经暴露在空气之中（图 2.21）。这个层位中大量水滴状硅酸盐熔体玻璃颗粒的发现，表明这里包含有部分撞击溅射及回落的物质（图 3.4）。撞击事件发生前，靶区地表被大片森林所覆盖。在撞击成坑过程中，地表树木被毁，少量树木碎片溅射到空中并在高温下发生了炭化，最后回落到陨石坑底部。因此，产出在撞击角砾岩单元 218～237 m 深度间隔层位的木炭碎片属于在撞击过程中溅射到空中后再次落下的物质。根据木炭的形成过程，这些在撞击事件中炭化的植物遗存（木炭）应该属于一种广义的冲击变质物质，即地表树木发生冲击变质作用形成的木炭。

在地球历史上发生的一些星球碰撞事件曾导致撞击靶区及其附近植物的灾难性破坏或焚毁，部分树木在撞击引起的高温下发生燃烧或炭化。1908 年 6 月 30 日发生在俄罗斯西伯利亚埃文基自治区上空的陨星爆炸事件，又称通古斯大爆炸，导致面积超过 2000 km² 的大片树木焚毁倒下。距今 6500 万年前发生在墨西哥湾的巨大星球碰撞事件导致希克苏鲁伯陨石坑（Chicxulub crater）周边地区引发了大片山火，研究人员曾在陨石坑内产出的撞击角砾岩层上覆海啸沉积物中发现了一些木炭碎片，这些木炭碎片被认为来源于撞击事件引起的周边山火中被焚毁的植物（Gulick et al.，2019）。大约3500 年前，一次陨石雨坠落到爱沙尼亚的一片森林中。这次陨石撞击事件形成了卡利陨石坑群（Kaali craters）。在卡利陨石坑群的主陨石坑（直径 110 m）坑缘外部的碎石堆积中也曾找到一些木炭碎片，这些木炭的成因被认为与被撞击加热和溅射的岩石碎块埋藏的树木碎片发生炭化有关（Losiak et al.，2016）。

在距今 6 万～1 万年前的晚更新世中晚期，我国东北地区被以针阔叶混交林为主的森林广泛覆盖（王曼华，1987）。依兰陨石坑撞击事件释放的能量相当于数百颗广岛原子弹的爆炸当量。撞击引发了猛烈爆炸，靶区物质发生瞬间巨变。地表以下一块体积巨大的花岗岩在顷刻之间被撕裂成为碎片，地表绝大部分树木也在瞬间被撕碎和焚毁。少量的树木残片在局部缺氧的高温环境下转变成为木炭。撞击溅射的少量木炭碎片与撞击产生的花岗岩碎屑一起随后回落堆积到陨石坑底部并被保存了下来。木炭上附着的少量碳酸盐矿物，恰恰证明了这些木炭已经在陨石坑底部充满地下水的撞击角砾岩单元中被封存了一段相当长的时间。

形成依兰陨石坑的星球撞击事件释放出来的能量达到了核爆当量，因此在陨石坑底部撞击角砾岩单元中发现冲击变质成因木炭是一个罕见的地质现象。这次撞击事件在靶区中心区域引起了极高的压力和温度。人们完全可以认为在一个核弹当量的巨大爆炸中心区域找到撞击炭化植物碎片的概率不会太高。过去还没有过在较大规模陨石坑底部充填的撞击角砾岩单元中发现撞击成因木炭的报道。目前在依兰陨石坑中找到的撞击成因木炭的数量尽管并不多，但它的存在的确证明了撞击炭化植物碎片可以在较大规模陨石坑中幸存。依兰陨石坑中撞击成因木炭的发现为在其他陨石坑中寻找和发现地表树木冲击变质产物提供了重要信息。另外，冲击变质成因木炭的发现为了解这个陨石坑的形成年龄提供了珍贵的地质样品。

第三节　星球撞击时间

依兰陨石坑的形成时间通过碳十四测年法对相关样品分析获得。

通过测定死亡植物样品的天然放射性同位素碳十四的衰变程度可以推定样品的形成年代。碳十四测年法的基本原理是基于宇宙射线轰击大气圈外层氮十四所形成的碳十四，碳十四形成以后被氧化形成二氧化碳并大致均匀地分布于自然界所有参与碳十四交换的含碳物质中。碳十四是一个放射性同位素，半衰期为 5730 年。当生物体死亡后停止了与外界碳库的交换，碳十四得不到更新补充而随时间不断衰减。因此，根据死亡生命体内碳十四的含量可以计算得出其死亡的年龄。

依兰陨石坑撞击角砾岩单元中的木炭样品在星球撞击事件中形成，通过木炭样品的碳十四年代测定可获得撞击事件的绝对地质年龄数据。另外，陨石坑底部充填的湖泊相沉积物形成在撞击事件之后，这些沉积物中含有陆源植物残体等有机碳。对湖泊相沉积物中残留的有机碳十四含量分析，通过确定原先存活植物的死亡时间可获得沉积物的堆积年龄，从而获得撞击事件的相对地质年龄数据。在依兰陨石坑年龄研究中，采用碳十四年代测定法的可行性在于这些木炭样品和湖泊相沉积物样品的形成时间必须在碳十四年代测定法的有效检测范围以内。

依兰陨石坑木炭样品和湖泊相沉积物的碳十四年代分析样品处理在中国科学院广州地球化学研究所同位素地球化学国家重点实验室进行，碳十四测量在北京大学加速器质谱仪上进行。通过分析获得了这些木炭样品以及湖泊相沉积物样品的有效年龄数据（表 4.1）。

表 4.1　木炭和湖泊相沉积物放射性碳定年结果

样品	实验室编号	碳量/mg	深度/m	碳十四年龄/a BP（±1σ）	Fm 值（±1σ）	碳十四年龄 *\n/a BP（±1σ）	校正年龄 #\n/cal a BC（±1σ）
木炭	GZ9225	0.85	220	39740 ± 180	0.0071 ± 0.0002	46870 ± 3850	47280 ± 3210
沉积物 1	GZ9369	0.83	109	37560 ± 190	0.0093 ± 0.0002	45380 ± 4530	46410 ± 3780
沉积物 2	GZ9368	0.85	102	35470 ± 170	0.0121 ± 0.0003	40710 ± 2530	42060 ± 1700
沉积物 3	GZ9367	0.80	95	34410 ± 160	0.0138 ± 0.0003	38771 ± 1990	40870 ± 1320

　　Fm，现代碳比值（fraction modern）；* 背景校正碳十四年龄；# 树轮校正年龄。

　　分析结果表明，木炭样品的碳十四年龄为公元前 47280 ± 3210 年（距今 4.93 万年前），这是经过实验室背景扣除和树轮校正以后得出的年龄数据。由于这些木炭是撞击事件发生时地表森林树木炭化的产物，获得的碳十四年龄数据代表了撞击事件的实际发生时间，即陨石坑的真实年龄（图 4.6）。

　　陨石坑底部的湖泊相沉积物在撞击成坑之后逐渐形成。因此，湖泊相沉积物的形成年龄数据进一步限定了撞击事件的发生时间，对木炭样品年龄的精确性起到验证作用。由于木炭样品形成与撞击事件发生时间一致，湖泊相沉积物样品的年龄应小于木炭的年龄。碳十四年代分析结果揭示了木炭样品和湖泊相沉积物样品形成年代的先后顺序关系。

　　三个被分析的湖泊相沉积物样品分别采集于陨石坑底部湖泊相沉积物单元下部的钻探岩心，样品的深度分别为 95 m、102 m 和 109 m。这是与下覆撞击角砾岩单元距离相对较为接近的湖泊相沉积物。碳十四年代测定结果表明，这三个沉积物样品年龄分别为公元前 40870 ± 1320 年，42060 ± 1700 年和 46410 ± 3780 年。这些年龄数据显示从最底部的 109 m 并往上到 102 m 和 95 m 的深度位置，三个湖泊相沉积物样品的年龄呈现出规律的递减趋势（图 4.6）。所有这三个样品的年龄均小于木炭样品的年龄（公元前 47280 年）。其中，湖泊相沉积物底部 109 m 深度的样品年龄（公元前 46410 年，距今 4.84 万年前）仅比木炭样品年龄年轻大约 900 年（公元前 47280 年，距今 4.93 万年前）。这表明该陨石坑在形成数百年之后，陨石坑的底部开始出现了湖泊相沉积物。因此，湖泊相沉积物的年龄分析结果验证了木炭样品碳十四年龄代表撞击事件发生时间的真实性和可靠性。

　　在地球已知的 200 多个撞击构造中，依兰陨石坑属于一个比较年轻的撞击坑。依兰陨石坑的年龄分析结果与该陨石坑呈现出来的其他一系列地质特征基本吻合。例如，现存的陨石坑坑缘部分受风化侵蚀程度比较弱，坑底充填的一百多米厚的湖泊相沉积物主要以淤泥状产出，三百多米厚的花岗岩碎屑仍然松散地堆积在一起。坑底充填的

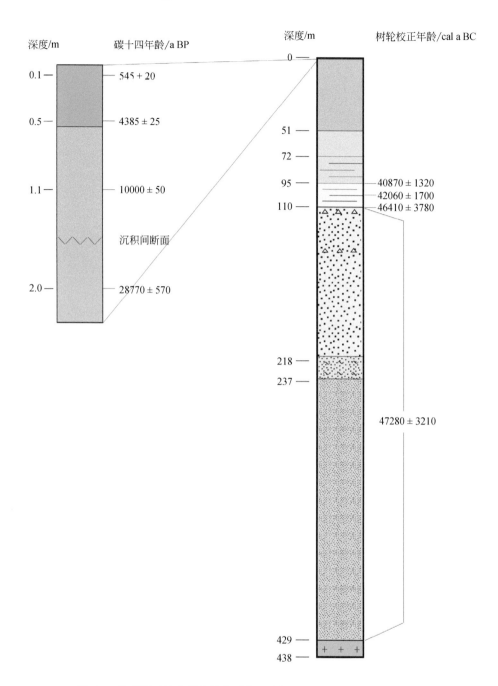

图 4.6 依兰陨石坑底部充填物质主要岩性－地层以及形成年龄示意图

撞击事件发生在距今 4.93 万年前〔（47280 ± 3210）cal a BC〕。陨石坑中湖泊相沉积物开始形成的时间为距今 4.84 万年前〔（46410 ± 3780）cal a BC〕，沉积终止时间为距今 2.88 万年前。覆盖在湖泊相沉积物之上的土壤开始形成时间为距今 1 万年前

湖泊相沉积物和花岗岩碎屑堆积均没有发生成岩作用。上述这些地质现象符合一个年轻陨石坑的特点。

第五章
湖泊与冰川

|第一节 湖 泊|

横亘在小兴安岭南麓边缘地带的依兰陨石坑呈现为一座月牙形环形山，这座环形山的南部坑缘存在着一个宽达两千多米的巨大开口。这个区域地表以下主要为花岗岩体。根据地形地貌特征，很难想象到这座弧形山体围绕起来的区域在历史上曾经是一个湖泊的所在地。然而，地质勘探结果揭示这里存在着一个巨大的碗形凹坑，凹坑内充填了一套直径上千米、厚度达百米的湖泊相沉积物（图2.16）。它确切地表明了这里在地质历史上相当长的一段时期内曾经是一个湖泊。湖泊地质遗迹的存在也说明该陨石坑在形成之初与其他碗形陨石坑一样具有一个完整的和封闭的环形坑缘。

在距今4.93万年前（公元前4.73万年）发生的一次星球碰撞事件中，这里形成了一个直径1.85 km和深达260 m的巨大碗形凹坑。这个碗形凹坑成为一个可以承接和储存大自然冰雪和雨水的巨大天然容器。陨石坑底部这套湖泊相沉积物的形成年龄数据表明了这个湖泊的存在时间。分析结果表明，这套湖泊相沉积物最底层黏土物质的沉积时间发生在距今4.84万年前［（46410±3780）cal a BC］，最顶层沉积物的沉积时间为距今2.88万年前［（28770±8570）a BP］（图4.6）。这表明了在撞击成坑事件发生数百年之后，这个陨石坑就已经发育成为湖泊。这个湖泊的历史从距今4.84万年前开始一直延续到距今2.88万年前结束，延续时间长达1.96万年（图5.1a）。

依兰陨石坑底部充填的这套湖泊相沉积物的表面已被薄层的土壤所覆盖。土壤的碳十四年代测定结果表明，陨石坑底部在距今大约1万年前开始出现了土壤堆积。坑底这套湖泊相沉积物的顶层物质形成年龄为距今2.88万年前。这就表明了在坑底表面土壤层与下覆的湖泊相沉积物之间存在着一个时间跨度达1.88万年的沉积间断（图4.6）。这个沉积间断面的存在表明这套湖泊相沉积物的顶层可能已经发生了一定程度的侵蚀或丢失。目前尚不清楚有多少湖泊相沉积物已经被后期地质作用侵蚀掉。如果有部分湖泊相沉积物已经被侵蚀和移去，那么这个湖泊的持续时间可能会比1.96万年这个时

依兰陨石坑特征及形成演化

距今4.84万~2.88万年前

距今1万年前

图 5.1　依兰陨石坑湖泊历史示意图

a. 陨石坑湖泊历史从距今 4.84 万年前一直延续到距今 2.88 万年前。湖泊消失时间大约发生在距今 2.88 万年前。b. 在距今 1 万年前，
陨石坑已经转变成为一个小盆地或洼地

间段更长一些。

　　依兰陨石坑湖泊的发育历史表明，黑龙江中南部地区在晚更新世中晚期应处于相对比较温和与湿润的气候环境，存在着较为丰富的大气降水。有关研究指出，在距今 5 万~2 万年前的晚更新世中晚期，东北地区孕育着大片的森林植被（王曼华，1987）。在地理环境上，黑龙江省中南部地区位于欧亚大陆东部和太平洋西岸，为温带大陆性季风

气候分布地区。黑龙江省的地理位置从东向西依干燥度指标可分为湿润区、半湿润区和半干旱区，依兰县属于湿润 - 半湿润地区。如我们今天所见，这里拥有较为充沛的大气降水。正是由于这种优越的自然环境条件，依兰一直以来是我国著名的林区和农业生产基地。

在陨石坑湖泊发育期间，坑缘岩石的部分风化侵蚀产物以及生长的植物死亡后的残体或腐殖质等会在外营力的地质作用下搬运和沉积到陨石坑的底部，逐渐堆积起一套年代连续的湖泊相沉积物。这个持续时间达 1.96 万年的湖泊水体的存在，也印证了这个陨石坑在当时是一个具有连续和封闭坑缘的碗形凹坑。在陨石坑形成之初，从坑缘顶部到坑底充填的撞击角砾岩单元顶部界面之间的高差大于或接近于 260 m，这个深度是该陨石坑湖泊当时具备的最大蓄水能力（图 2.18）。到距今 2.88 万年前，陨石坑底部充填的湖泊相沉积物厚度已经积累到了 109 m。减去湖泊相沉积物的厚度，这个时候陨石坑湖泊的最大蓄水能力仍然可达到 150 m 深度。然而，在距今 2.88 万年前，这个湖泊水体突然消失了，湖泊水体消失导致湖泊相沉积的终止。时间再翻过 1.88 万年之后，到距今 1 万年前，陨石坑底部开始重新接受沉积物，形成了上覆的土壤层。土壤是陆地表面由细沙、黏土、有机质、水、空气和生物等组成的未固结层，与湖泊相沉积物的形成环境完全不一样。陨石坑底部表面土壤层的形成表明该陨石坑已经从过去的湖泊环境和历史转变成为一个小盆地或洼地（图 5.1b）。因此，陨石坑底部湖泊相沉积物与上覆土壤层之间的沉积间断面的存在，提供了该陨石坑湖泊在大约距今 2.88 万年前消失的重要证据，并暗示了在距今 2.88 万年前到距今 1 万年前这段时间里发生过一次重要的地质侵蚀作用事件。这个沉积间断面的存在为了解陨石坑的演化历史，特别是后期的地质侵蚀作用历史提供了重要线索。

陨石坑湖泊的突然消失和坑底小盆地的形成显然与当时这里发生的一次较大规模的地质侵蚀作用事件有关，这次地质侵蚀作用导致了陨石坑南部坑缘缺口的形成。

第二节　坑缘侵蚀

依兰陨石坑自形成到现在不到 5 万年。地球上已发现的最古老陨石坑的年龄为 24 亿年，即位于俄罗斯西北部的苏阿维亚维陨石坑（Suavjärvi crater）。因此，依兰陨石坑在地球陨石坑大家族中属于一个相对比较年轻的成员。与地球上其他一些年龄和规模大小比较接近的碗形陨石坑的形态特征相比较，依兰陨石坑南部坑缘的大规模和方向性缺失现象显得尤为特殊，这种奇特的坑缘缺失现象显然与一般的地质风化和侵蚀作用无关。

依兰陨石坑这座月牙形环形山的地形地貌特征表明它在形成之后发生了一次极为不寻常的地质侵蚀作用事件。在总体形态特征上，该陨石坑呈现了北高南低现象。北部坑缘山脊海拔相对较高，东部坑缘山脊和西部坑缘山脊均往南部方向高度缓慢降低直至突然消失，缺失的南部坑缘弧长达两千多米。现在的陨石坑地表形态就如同一个大簸箕，东北西三面坑缘和坑底均向着坑缘缺口处倾斜，海拔逐渐降低（图 2.7）。坑缘缺口处的海拔是这个陨石坑的最低点，比陨石坑中心区域还要低 10 m 左右。依兰陨石坑呈现的这种奇特的形态特征不可能是在撞击成坑过程就已经铸成，而是受到了后期地质作用的强烈侵蚀和改造。

依兰陨石坑的环形坑缘主要经由坑底中心区域岩体撞击破碎和溅射出来的花岗岩碎块堆积起来形成。相对于那些完整的花岗岩体，由花岗岩碎块堆积起来构成的陨石坑坑缘物质更容易在外营力地质作用之下受到侵蚀和发生搬运。该陨石坑的簸箕状形态特征表明，整个陨石坑曾经受到了一种带有方向性的外营力地质作用的侵蚀。在这种具有明显方向性的地质营力作用下，陨石坑的北部、东部和西部坑缘受到的侵蚀程度相对较弱，南部坑缘受到了大规模的侵蚀，最终形成了一个宽阔的坑缘缺口（图 5.2）。南部坑缘被侵蚀的遗迹仍然可见。目前在坑缘缺口的左侧部分可以观察到一小段没有被完全移走的凸起坑缘残留物质（图 5.3）。这些残留的坑缘物质高度比附近坑底高出数米到十多米，这一小段圆弧形残留坑缘物质的空间展布与整个环形坑缘的形态曲线相一致。这一小部分残留坑缘物质提供了原来的坑缘受到了后期地质作用强烈侵蚀的重要证据。按照现存陨石坑坑缘与坑底的平均高差 150 m 估算，在这次地质作用中被侵蚀和搬运走的南部坑缘岩石体积超过 $3000 \times 10^4 \, m^3$。

图 5.2　依兰陨石坑南部宽阔的坑缘缺口

坑缘缺口长度 2.17 km，缺口处地表相对较为平缓，缺口处海拔与坑底和坑外地表接近。无人机拍摄

图 5.3　依兰陨石坑南部坑缘缺口左侧部分一小段受到强烈侵蚀后残留的坑缘物质
图中红色圆圈线代表陨石坑坑缘山脊线，白色箭头指示残留的坑缘物质，呈圆弧形展布的残留坑缘物质与环形坑缘山脊曲线
基本一致。阿斯特里姆（Astrium）公司 Pleiades 卫星遥感图像（2019 年 10 月 16 日）

　　依兰陨石坑坑缘均由松散的花岗岩角砾和碎屑堆积起来构成。因此，南部坑缘缺口的形成不可能由局部坑缘物质的差异性风化和侵蚀作用造成。南部坑缘的大规模和方向性缺失现象显然与一般的风化作用（物理风化作用、化学风化作用、生物风化作用）和风力、雨水、重力等引起的侵蚀作用无关。陨石坑及周边的地质以及地形地貌分析也排除了经由断层作用和重力塌陷等原因造成南部坑缘缺口的可能性。

　　突发的溃坝洪水具有较快的速度和较大的质量，因而具有较大的动能。洪水可以造成一定规模的地质侵蚀现象。依兰陨石坑底部湖泊相沉积物在距今 2.88 万年前已经堆积到了与现在坑底接近的海拔。根据湖泊相沉积物顶部界面与坑缘顶端之间平均高差 150 m 计算，这个陨石坑当时可以达到的最大蓄水库容量约为 1.5×10^8 m³。然而，即使达到最大蓄水库容量，这个陨石坑湖泊有限的水体也不可能通过一次溃坝事件在瞬间造成一个宽度达 2.17 km 的巨大坑缘缺口。尤其是不可能在短时间内将体积超过 3000×10^4 m³ 的坑缘岩石带离得无影无踪。在陨石坑附近并没有出现可能被溃坝洪水冲散的坑缘岩石堆积。人类历史上曾经发生过一些水体库容量远远超过依兰陨石坑湖泊的大型水库溃坝事件，这些水库溃坝事件导致的毁坝程度都远远没有达到依兰陨石坑南部坑缘缺失的规模。目前没有发现任何可能与陨石坑湖泊溃坝事件导致南部坑缘大规模消失有关的地质证据。

在形态特征上，依兰陨石坑的南部坑缘就如同是被一台巨大的推土机清除过，将原来这一段体积巨大的坑缘移除得干干净净，形成了一段宽阔的缺口。在自然界中，地表河流可以对所流经的河床基岩和谷坡岩层产生持续的侵蚀和搬运作用。在依兰陨石坑的东部和西部分别存在北西—南东流向的两条小河流，这两条小河流与依兰陨石坑的直线距离达数千米，它们的河床均没有延伸进入到陨石坑范围（图 1.4b）。目前也没有证据表明在依兰陨石坑的地质演化历史上曾经有河流流经陨石坑范围。

依兰陨石坑的南部坑缘缺失事件发生在距今 2.88 万年前到距今 1 万年前这个时间段内。分析自然界存在的各种主要地质营力，导致该陨石坑南部坑缘缺失事件很可能与冰川地质作用有关。依兰地区远古时期的自然地理环境和演变过程与潜在的冰川历史并不矛盾。在自然界，冰川是一种可以在一段较短时间内对所在区域岩层产生较大规模侵蚀和搬运的地质营力。冰川是大自然中威力巨大的推土机。冰川搬运作用是冰川随着重力下滑的过程，冰川搬运并不消耗冰川的动能，可以将冻结在冰体内的大量岩石碎块搬运到他处。冰川在运动过程中具有巨大的侵蚀和搬运能力。我们的地质调查结果表明，依兰陨石坑及附近区域存在与冰川遗迹相类似的一系列地质和地貌方面的证据，其中包括聚雪盘或聚冰盘、冰川通道、羊背石和冰碛物等。这些自然地质现象提供了该陨石坑演化后期受到冰川作用影响的重要证据。

第三节　聚　冰　盘

冰川是由积雪形成并能运动的冰体。冰川发育的一个最基本条件是巨大冰体的形成。依兰陨石坑直径达 1.85 km，表观坑深达 150 m。这个陨石坑洼地的巨大容积可以积聚大量的天然雨水和冰雪。在地质历史时期的极端寒冷气候条件下，陨石坑洼地日积月累积聚的冰雪有可能达到较大的厚度，成为一个巨大的聚雪盘或聚冰盘。当天然冰体达到一定的厚度，在重力等因素的作用下，冰体底部冰层发生塑性流动，可以引发冰川运动。

距今 2.88 万年前，依兰陨石坑的坑底与坑缘之间的高差大约为 150 m。这个巨大的碗形凹坑有利于天然冰体积聚到发生冰川运动所需的厚度。当覆盖在该陨石坑上的冰体向南部方向移动时，可导致南部坑缘的大规模侵蚀和搬运作用发生。

第四节　冰川槽谷

　　当冰川移动时，冰体中携带的岩石碎块会对途经之地的岩层产生刨蚀作用，形成冰川通道。在山地冰川中通常会形成 U 形谷。冰川通道是一种常见的冰蚀地貌。依兰陨石坑南部区域为一片地势相对比较平缓的河谷阶地。在陨石坑东南方向存在着一条宽度近 1 km、长度 4000 多米，深度约 20 m 的宽阔凹槽（图 5.4）。这条凹槽的西北端与陨石坑坑缘缺口连接并与陨石坑洼地贯通，凹槽东南端与巴兰河谷交汇。陨石坑洼地通过这条宽阔的凹槽与巴兰河谷连通在一起。从陨石坑洼地往凹槽的东南端，地面坡度不断降低。在一段大约 4 km 的距离中，凹槽的海拔从西北端到东南端降低了大约 40 m。由此可知，陨石坑洼地积聚的冰体在往南部移动时，首先对南部坑缘物质产生了侵蚀和搬运。冰川离开陨石坑后转往东南方向移动，冰川对途经之地产生不断的刨蚀作用，形成了这条冰川槽谷遗迹。被冰川作用侵蚀和搬运的陨石坑南部坑缘物质沿着这条宽阔的冰川凹槽搬运到了他处。

图 5.4　依兰陨石坑外东南方向的冰川槽谷

这条宽阔的凹槽的西北端与陨石坑南部坑缘缺口连接贯穿在一起，构成了聚冰盘和冰川槽谷的冰川地貌。从陨石坑洼地到冰川槽谷东南端的坡度缓慢下降。无人机拍摄目前这条冰川槽谷表面已经被富含有机质的黑色土壤薄层所覆盖，大部分区域已被开发成为种植玉米、大豆和水稻等农作物的庄稼地。土壤层在槽谷两边区域相对较薄，中央区域较厚，厚度变化大约为 20 ～ 100 cm。在冰川槽谷的人工排涝渠道揭示的地质剖面中可以观察到黑色土壤层主要覆盖在黄色砂土层上面。在局部地段可观察到土壤层之下出现无分选性花岗岩角砾和岩屑堆积（图 5.5）。很显然，土壤层下覆的黄色砂土层和局部出现的花岗岩角砾和岩屑堆积代表了冰川槽谷上原来暴露地表的地质侵蚀面。黑色土壤层是在冰川作用结束之后逐渐堆积形成的物质。碳十四年代分析结果表明，冰川槽谷土壤层底部样品的形成年龄为（4240 ± 25）a BP，顶部样品的年龄为（205 ± 20）a BP（图 5.5）。

图 5.5　冰川槽谷中心人工排涝渠道揭示的地质剖面

这个地质剖面与陨石坑南部坑缘缺口的距离大约为 1 km，黑色土壤层覆盖在无分选性花岗岩角砾和岩屑堆积之上。
图中标注了土壤层不同深度位置的碳十四年代分析数据，底层土壤年龄为（4240 ± 25）a BP

第五节　羊背石与冰碛物

一、羊背石

羊背石是一种经常出现在冰川基床上的冰蚀地貌，它的顶部形态浑圆，形似羊背。羊背石是岩性坚硬的小丘在冰川移动过程发生磨削作用而形成的特殊地貌。在距离依兰陨石坑南部坑缘缺口东南方向大约 1 km 处的冰川槽谷地段，存在一个形态特征类似于长三角形锥体状的突起小丘（图 5.6）。小丘长度大约为 230 m，顶部与周边地表高差约为 20 m。小丘的长轴方向与冰川槽谷延伸方向（冰流方向）平行，顶部形态相对浑圆。小丘两边坡度不对称，长三角形锥体状小丘朝向陨石坑中心方向的迎冰面的面坡度比较平缓（坡度约为 7°），而相反方向一面的坡度则较为陡峭。冰碛地貌中鼓丘的形态特征也常常呈现为近椭圆形，长轴与冰流方向一致，但鼓丘的迎冰面坡度较陡，背冰面坡度较缓。这个小丘两边面坡度的特征与鼓丘刚刚相反。这个长三角形锥体状小丘的尖锐顶角迎向冰川流动方向，这种形态显然受到过其他物质的磨削作用，是一种冰蚀地貌特征。由于这个小丘的

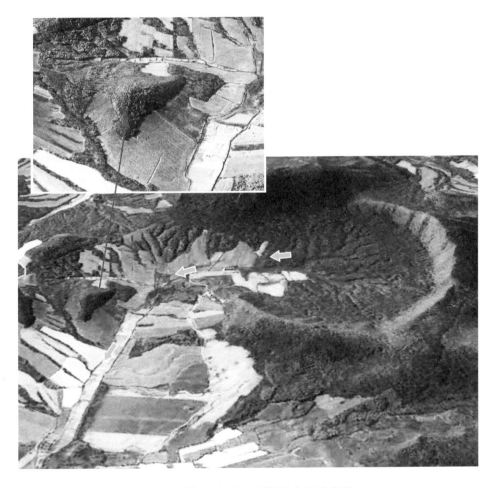

图 5.6　位于依兰陨石坑冰川槽谷中的羊背石

这个羊背石的形态特征呈现为长三角形锥体状（图中红色箭头指示的小丘），长轴与冰川槽谷的延伸方向一致。长三角形锥体状小丘朝向冰川流动方向的面坡度比较平缓，相反方向一面坡度较陡。图中蓝色箭头表示冰川移动方向。阿斯特里姆（Astrium）公司 Pleiades 卫星遥感图像

表面被土壤覆盖，未能观察到基岩露头。根据地质资料分析，这个小丘位于花岗岩岩体之上，与陨石坑底部基岩属于同一个花岗岩体，应为这个花岗岩体的一个凸起部分（图1.4）。

这个突起小丘位于冰川槽谷之中。很显然，当冰川移动经过这个位置时，突起的岩体上部受到了冰川的磨蚀，形成长三角形锥体状形态，类似于冰蚀地貌中的羊背石。这个羊背石的长轴方向与冰川槽谷和冰川流动方向基本一致。很显然，当冰川离开陨石坑沿着冰川槽谷向前和向下运动时，对所经之处的岩体的突起部分产生了磨蚀作用，将这处突起小丘雕塑成了羊背石。

二、冰碛物

冰碛物是冰川消融以后，被冰川携带搬运的部分岩石角砾和碎屑就地堆积下来的沉积物。冰碛物未经过其他外力地质作用改造，特别是未经冰融水的明显影响，沉积物通常呈现出完全的无分选性。被冰川搬运的石块在一定压力下较长时间内沿一定方向移动时，一些砾石表面会因为摩擦产生磨光面、条痕和凹坑等现象。

在距离依兰陨石坑南部坑缘缺口大约1 km处的冰川槽谷中心人工排涝渠道的地质剖面中，可以观察到地表黑色土壤层之下断续出现的一些无分选性花岗岩角砾和岩屑的混合堆积。岩石角砾和碎屑堆积体厚达1 m，长达数米不等，断续出现在冰川槽谷的黄色砂土层之上。岩石角砾和碎屑堆积物无层理，砂砾大小差异较大，从微米级到数十厘米不等（图5.7）。这些花岗岩角砾和岩屑的岩性均为碱性长石花岗岩，与陨石坑底部充填的撞击角砾岩和花岗岩基岩相同。岩石角砾和岩屑的棱角尖锐，大部分角砾表面粗糙。经由地面水体搬运的沉积物不会形成这种无分选性的沉积物堆积。另外，一些角砾表面则存在着明显的磨光面、擦痕和凹坑等现象（图5.8）。这里距离陨石坑很近，在撞击成坑过程中从陨石坑内抛射出来的部分岩石碎块有可能飞溅到达这个地方。但是这些具有磨光面和擦痕的花岗岩角砾显然不是在撞击抛射过程中落下的岩石碎块堆积，而是经历了一个地表搬运过程并在一定压力下与其他固态物质发生了强烈的摩擦作用。这类岩石角砾和岩屑堆积与冰碛物的基本特点相同。

图 5.7　依兰陨石坑东南方向冰川槽谷中心人工排涝渠道地质剖面中产出的冰碛物

a. 被地表黑色土壤层覆盖的无分选性花岗岩角砾和岩屑堆积；b. 棱角尖锐和表面粗糙的花岗岩角砾和岩屑

图 5.8　花岗岩角砾表面的磨光面、擦痕和凹坑（白色箭头）

第六节 冰川地质作用

一、气候条件

中国东北地区第四纪冰川是近几十年来地球科学界一直关注的问题之一，长期以来存在两种有关该区域冰川历史的不同的学术观点（李四光，1975；施雅风等，1989；赵松龄，2010；赵井东等，2019）。有关研究指出，中国东部除了台湾山地、长白山、贺兰山与太白山等一些海拔超过 2500 m 的中高山地在晚更新世受到过冰川作用（山地冰川）之外，其余山地及海拔更低的丘陵地带在第四纪期间不存在泛冰川作用（赵井东等，2019）。然而，也有一些研究认为在东北大、小兴安岭局部地区存在第四纪冰川遗迹（孙广友等，2012；李强，2018）。这些不同的学术观点均源于对自然现象的不同理解和认识。

依兰陨石坑位于小兴安岭南部边缘地带，这一地区的海拔一般小于 1000 m，属于低海拔地区，达不到现代山地冰川发育要求的海拔。然而，依兰陨石坑的地质构造特征及相关地质事件年代研究结果表明，该陨石坑在后期演化过程中显然受到了冰川作用的影响。这次冰川作用发生在距今 2.88 万年前到距今 1 万年前这个时期，在时间上与地球末次冰期中的最寒冷时期（末次盛冰期）相对应，导致了依兰陨石坑南部坑缘的大规模缺失。

地球最后一个冰川时期终止在距今大约 1 万年前（Wurster et al.，2010）。末次盛冰期（last glacial maximum，LGM）是第四纪晚更新世晚期的末次冰期中最为寒冷的时期，发生在距今 2.8 万年前到距今 1.2 万年前这个时间段内（Blunier and Brook，2001）。这个时期冰川发展的最盛阶段发生在距今 2.65 万～1.9 万年（Clark et al.，2009）。根据依兰陨石坑底部充填物形成年代揭示的南部坑缘缺失事件发生的时间正好与末次盛冰期的最寒冷时期重合。在末次盛冰期，全球的平均气温要比现在低大约 5～10 ℃，海平面最低时比现在要低大约 155 m。相关研究表明，我国北方广大地区在距今 2.6 万～1.2 万年前这个时期也出现了极端寒冷的气候环境（张云翔等，2015）。在更新世晚期，以猛犸象和披毛犀为代表的哺乳动物群曾经广泛生存在亚欧大陆北部及北美洲北部的寒冷地区，这些动物身躯高大，体披长毛，适应当时寒冷的气候环境。我国东北地区也发现了大量生活在距今 4 万～1 万年前的长毛猛犸象（*Mammuthus primigenius*）和披毛犀（*Coelodonta antiquitatis*）动物群的骨骼化石（金昌柱等，1998；张虎才，2009；Hao et al.，2016；陈军等，2016）。黑龙江省中南部是我国猛犸象和披毛犀骨骼化石的主要产出地区之一，地处松嫩平原腹地的青冈县更有中国猛犸象故乡之称，出土了极为丰富的猛犸象和披毛犀骨骼化石（图 5.9）。依兰县地处三江平原西部边缘地区，在这里也找到了大量猛犸象和披毛犀骨骼化石（图 5.10）。东北地区出土大量的猛犸象和披毛犀骨骼化石印证了这个时期的极端寒冷的气候环境。

图 5.9　黑龙江省出土的完整猛犸象骨骼化石

位于图中央靠左边的一具猛犸象骨架化石身高 3.5 m，体长 6.5 m，2002 年出土于宾县松花江南岸。位于图中右边的一具猛犸象骨架化石身高 4.5 m，体长 7.5 m，2009 年出土于青冈县。大庆博物馆陈列品

10 cm

图 5.10　在依兰县松花江南岸河谷阶地上出土的猛犸象上下颌骨骼化石

依兰博物馆收藏品

在地理位置上，黑龙江省位于我国东北地区的东北部。全省冬季时长有 200 多天。巨大数量的降雪与极端寒冷气候环境的耦合是冰川发育的主要因素。直到今天，中国

东北地区和新疆北部仍然是我国的两个主要降雪地区。依兰县就位于我国东北降雪区之中。异常的西南风水汽输送有利于东北地区冬季大到暴雪的发生（王遵娅和周波涛，2018）。东北三江平原及周边地区在晚更新世发育了广袤的森林，表明当时相对比较湿润的气候环境（王曼华，1987）。在相对潮湿气候环境中，东北地区在末次盛冰期遭遇的极端寒冷气候之下有可能出现长期的强降雪，导致局部的冰雪聚集甚至发育小冰帽或冰川。

在末次盛冰期以后，全球的气温明显升高。我们注意到，即使在现在春末夏初时节的 5～6 月份期间，在与依兰陨石坑直线距离不到 30 km 的依兰县丹青河林场海拔410～735 m 的低山丘陵地区仍然在一些山谷中保存有大片上一冬季形成后未完全消融的冰体，积冰厚度达数米（图 5.11）。这些现象表明，小兴安岭部分地区在末次盛冰期的极端寒冷时期被冰雪广为覆盖、局部发育小冰帽或冰川的现象很可能发生。

海拔735 m

海拔410 m

图 5.11　春末夏初时节仍然保存在依兰县丹青河林场低海拔山谷中的大量冰体

拍摄时间：2020 年 5 月 30 日

二、冰川侵蚀过程

在距今 2.9 万年前到距今 1 万年前，地球历史进入了末次盛冰期，极端寒冷和潮湿的气候环境笼罩着依兰陨石坑及周边地区。尽管这里属于低海拔丘陵地区，依兰陨石坑的巨大容积使其成为一个独特的天然聚雪盘或聚冰盘，积聚了体积巨大的冰体，导致冰川地质作用发生。这次冰川作用对依兰陨石坑的地质演化历史发生了重要影响，它不但导致了陨石坑南部坑缘的大规模缺失，也彻底地终止了陨石坑的湖泊历史。

在冰川作用期间，覆盖或积聚在陨石坑的巨大冰体从北朝南方向移动，冰川从陨石坑中移动出来以后继续往东南方向前进（图 5.12）。冰川在移动过程中对南部坑缘产生了强烈的侵蚀和搬运，并在陨石坑外东南方向的河谷阶地上刨蚀出一条宽阔的冰川槽谷，这条冰川通道延伸数千米后与巴兰河谷交汇。冰川以及被冰川侵蚀和搬运的大量坑缘岩石正是沿着这宽阔的冰川通道移动到了他处。陨石坑聚冰盘、冰川槽谷、羊背石和冰碛物等的存在提供了这段冰川历史的重要证据。依兰陨石坑的坑缘主要由撞击产生的岩石碎块堆积起来构成，它相对于那些完整的花岗岩体更容易受到冰川作用的侵蚀和搬运。陨石坑底部湖泊相沉积物与上覆土壤层之间的沉积间断面表明冰川作用和南部坑缘缺失事件发生在距今 2.88 万～1 万年前。正是由于冰川这台巨大的推土机，在不到 2 万年的时间里，将体积为数千万立方米的坑缘岩石侵蚀并搬运走，导致一个宽度达两千多米的坑缘缺口产生。在这里，冰川作用呈现出了高效的侵蚀和搬运能力。

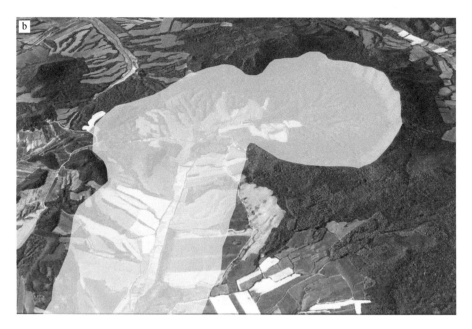

图 5.12　依兰陨石坑冰川侵蚀作用示意图

a. 陨石坑内冰体往南部方向移动的轨迹。冰川移动过程对南部坑缘产生了侵蚀和搬运，冰川在陨石坑外转向东南方向移动，冰川移动过程在陨石坑外河谷阶地侵蚀出一条宽阔的冰川槽谷。图中箭头示意冰川的运动方向。b. 冰川主要覆盖区域示意图。卫星图像（2019 年 10 月 16 日），阿斯特里姆（Astrium）公司 Pleiades 卫星

　　依兰陨石坑底部湖泊相沉积物的形成年代分析结果表明，陨石坑在形成以后迅速地发育成为一个湖泊。这个陨石坑湖泊从距今 4.84 万年前一直延续到了距今 2.88 万年前。目前尚没有证据表明在末次盛冰期来临之前这个陨石坑湖泊是否就已经发生了溃坝或湖水流失事件。由于距今 2.88 万～1 万年前这段时间正好与全球末期盛冰期的发生时间重合，我们推断冰川作用是导致依兰陨石坑南部坑缘出现巨大缺口的主要原因。即使在冰川作用发生之前陨石坑湖泊就已经发生了溃坝，陨石坑内的巨大容积仍然可以成为一个天然的聚雪盘或聚冰盘，并最终引发冰川作用。如果冰川作用发生之前出现了湖水溃坝，经由溃坝形成的坑缘小缺口可以为后期的冰体移动提供一个引导通道。在这种情况下，冰川在运动过程中可以不断地对溃坝造成的坑缘缺口两侧岩石进行侵蚀和扩张，使得缺口不断扩大。

　　大约在距今 1 万年前，全球气候逐渐变暖，末次盛冰期的冰川作用结束。受到冰川侵蚀作用影响的依兰陨石坑以及坑外的冰川槽谷等冰川遗迹随之也逐渐被风化作用产生的土壤和地表植被盖上了一层外衣。在地质历史长河中，1 万年只是一个短暂的瞬间，今天的依兰陨石坑基本保持了 1 万年前冰川作用所形成的地形地貌特征。

第六章
发现及其意义

第一节 地质奇观

地球上的自然地质奇观以其罕见、奇特、壮美和具有特殊科学意义和价值深深地吸引着广大民众。依兰陨石坑称得上是这样一个地质奇观。

依兰陨石坑是一个新发现的撞击坑地质构造，它的形态地貌特征呈现为一座月牙形环形山。这座坐落在地表之上，直径 1850 m 和高 150 m 的半圆弧形山体宛如一轮梦幻般弯弯的月牙，显得神秘与奇特。从一个碗形撞击坑的诞生到演变成为一座月牙形环形山，可谓是大自然鬼斧神工造就的一幅神奇的画卷（图 6.1）。无论在地面上还是在高空中，人们都可以观察与欣赏到它那独特和壮美的身姿，壮丽的自然景观令人叹为观止。

依兰陨石坑地质奇观包含了星球碰撞遗迹和冰川遗迹两大宇宙自然现象。在这里发现的一系列地质现象堪称奇迹，这些新发现包括：一次极高强度的星球撞击事件，罕见的撞击炭化植物遗存，以及低海拔陨石坑冰川遗迹等。这座天然的特色博物馆是一个地球与行星科学的殿堂，向世人讲述着宇宙星球碰撞和冰川作用的真实故事，传递着科学知识。它更是一大科学瑰宝，为人类探究自然奥秘提供了一处珍贵的地质遗迹。正是在我们身边的陨石坑的不断发现，使得更多的人可以触碰到这一类宇宙地质现象，使得人类与太空中星球的距离不再遥远。依兰陨石坑，不但可以带人们走进宇宙星球世界并置身于太阳系固态星球表面分布十分广泛的一类地质构造之中，而且可以将我们的思绪带回到地球历史上那个古老的冰河时期，景仰大自然冰川神奇力量的杰作。依兰陨石坑的星球撞击起源和不寻常的地质演化历史毫无疑义地在科学研究、科学普及、旅游景观和地质遗迹保护等方面具有重要的价值。

图 6.1 依兰陨石坑地质奇观

隆冬时节陨石坑的壮美景色，白色部分为冰雪覆盖区域（摄影：潘海涛，2020 年）

第二节 撞击的核心证据

地球的地质作用形式、历史和产生的地质现象错综复杂。一个地球陨石坑的确定需要星球撞击证据的支持。只有那些具有诊断性作用的撞击证据才有可能帮助我们将撞击坑地质构造与地球上其他非撞击成因地质构造正确地区别开来。每一个较大规模的星球撞击事件都会在撞击靶区岩层中产生一系列宏观的或微观的地质现象。不管现存的陨石坑形态是否完整，那些保留在岩石和矿物中的冲击变质现象通常可以起到准确的示踪作用和效果。那些被刻画和记录在地质构造或撞击靶区岩层中的矿物冲击变质现象通常具有分布广泛、可在较长的地质历史时期内保存的特点。矿物冲击变质现象在地球陨石坑鉴别工作中起到有效的和决定性的作用（French，1998）。冲击变质诊断性证据已经成为学术界对任何一个地球陨石坑认定的基本准则。

依兰陨石坑的证实主要归因于一系列岩石和矿物冲击变质现象的发现，这些地质现象对这次星球撞击事件以及这个地质构造的撞击起源提供了诊断性证据（陈鸣等，2020；Chen et al.，2021）。依兰陨石坑中保存有大量可鉴别的岩石和矿物冲击变质证据，其中最为典型的冲击变质证据是石英这个矿物呈现出来的一系列冲击变质效应和特征。该陨石坑形成在花岗岩岩体上，石英在花岗岩中以主要造岩矿物形式产出，在整个地质构造中分布广泛，含量十分丰富。通过对分布在陨石坑地表上和在地质钻孔收集到的大量深部花岗岩角砾和碎屑的分析，发现了大量撞击成因超高压矿物柯石英、石英面状变形页理、石英击变玻璃等多种不同的矿物冲击变质诊断性证据（图6.2）。这些石英冲击变质诊断性证据的发现，也证实了这个地质构造中大量产出的花岗岩碎块及岩屑、丰富的硅酸盐熔体玻璃、石英和长石熔体玻璃等物质的形成与撞击事件有关，提供了这个地质构造星球撞击起源的一整套冲击变质证据。

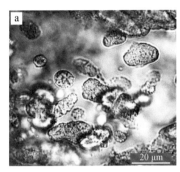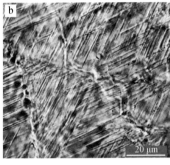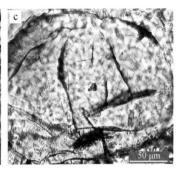

图 6.2　依兰陨石坑中发现的三种不同的矿物冲击变质诊断性证据
a.产出在二氧化硅玻璃中的柯石英微晶集合体，单偏光；b.石英面状变形页理，正交偏光；c.石英击变玻璃，单偏光

依兰陨石坑中一系列岩石和矿物冲击变质证据的发现也使得在这个地质构造中揭示的其他一系列宏观地质现象，特别是形态地貌特征以及坑缘和坑底各个地质构造单元的撞击成因得到了合理的解释。该陨石坑中揭示的一系列微观的与宏观的地质现象构成了这次星球撞击事件地质效应的完整证据链。

第三节　低海拔冰川遗迹

在地球上，冰川是沿着地表呈现为运动状态的天然冰体。现代冰川主要发育在地球上寒冷的两极地区和高山环境，主要以冰盖和山岳冰川的形式出现。依兰陨石坑位于我国东北的低海拔地区，这个陨石坑冰川遗迹的发现为我国东北地区第四纪冰川和环境变化研究提供了一些新线索。

根据对依兰陨石坑的形态地貌特征、地质构造、地质事件年代等的分析，我们认为该陨石坑在形成之后受到了冰川作用的改造。在陨石坑以及附近区域揭示的聚冰盘、冰川槽谷、羊背石和冰碛物等地质现象提供了这处冰川遗迹的一系列证据。这次冰川作用对依兰陨石坑的形态地貌特征产生了重要的影响，导致陨石坑的南部坑缘物质发生了较大规模的侵蚀和搬运，从原来的一个形态完好的碗形凹坑改变成为一座半圆弧形的山体。正是由于这次冰川地质作用的影响，依兰陨石坑罕见地演变成为一个叠加了冰川遗迹的地质奇观。

依兰陨石坑并不是目前在小兴安岭地区发现的唯一一处冰川地质遗迹。据有关报道，在与依兰陨石坑距离大约 70 km 的小兴安岭最高峰平顶山上海拔 1000 m 左右的区域，就发现了很可能形成在中更新世的冰蚀岩墙等冰川遗迹（孙广友等，2012）。尽管冰川的形成时间不同，依兰陨石坑冰川遗迹却依然展现了一系列更为丰富的和相互关联的冰川地质作用证据，例如聚冰盘、冰川槽谷、羊背石和冰碛物等冰川遗迹的基本要素。这表明，虽然这里的海拔并没有达到现代山岳冰川发育的基本条件，但该区域在末次盛冰期确实发生了冰川作用并留下了冰川地质遗迹。我们认为，即使中国东北地区在末次盛冰期没有被冰川广泛覆盖，这里很可能局部发育了小冰帽或小冰盖等冰川现象。

一个地区的冰川历史与该区域的气候环境密切相关。末次盛冰期全球性气温降低到了最低，北美大陆被冰盖广泛覆盖，欧洲和西伯利亚也形成了巨大的冰盖。依兰陨石坑的冰川地质作用发生在末次盛冰期内，这里具备了冰川发育所需的寒冷和潮湿气候条件。从另一个角度来看，如果依兰地区在末次盛冰期发生过冰川地质作用，那么这种自然现象不会仅仅局限于陨石坑区域。期待将来通过更加深入的研究，在依兰陨石坑和周边地区找到更多的有关冰川历史的地质证据。从现有的研究结果分析，我国东北地区第四纪冰川问题是一个复杂的问题，还存在许多科学未知，有待开展更加深入的研究。在依兰陨石坑研究中揭示的冰川地质作用历史对我国东北地区第四纪冰川问题提出了一些新认识。

第四节　奇特的自然现象

依兰陨石坑中保存着一个撞击坑地质构造的基本地质特征，这些特征包括碗形地质构造、大量的撞击角砾岩、丰富的冲击变质现象等。特别值得指出的是，我们在这个陨石坑的研究中揭示了一系列十分独特和罕见的自然现象。这些奇特的自然现象包括星球撞击事件强度、冲击变质现象、形态地貌特征以及地质演化历史等方面的内容，凸显了这个陨石坑的特殊科学意义和价值。

一、一次高强度的星球撞击事件

星球撞击事件强度主要决定于星球之间发生碰撞瞬间所释放的能量大小。根据动能公式，撞击能量与撞击体的质量和速度平方呈正相关关系，速度对动能影响较大。太阳系星球之间发生碰撞的相对速度一般为 11 ～ 72 km/s（French，1998）。星球碰撞速度的差异对释放的能量和撞击效应的影响极大。对于在地质历史上发生的星球碰撞事件，我们难以确切地探知星球碰撞速度的大小。大部分撞击体物质本身也会在碰撞过程中灰飞烟灭、销声匿迹，不易查明它的真实大小。然而，通过分析陨石坑中保存的撞击作用地质证据，可以了解到与星球撞击事件强度有关的信息。依兰陨石坑撞击效应分析结果表明，它很可能是一次与较高碰撞速度有关的高强度撞击事件。

1. 陨石坑真实深度

依兰陨石坑的真实深度与直径之间的比值在碗形陨石坑中具有一个较大值。

陨石坑形态特征受到撞击体大小、撞击释放的能量、撞击角度、靶岩特征、后期地质作用侵蚀等多种因素影响。通常情况是，撞击体直径越大，陨石坑直径就越大，陨石坑深度也越大。撞击体大小与陨石坑直径之间的比值一般为 1/30 ～ 1/20（French，1998）。在较大规模的撞击事件中，撞击体通常变成碎片并发生了熔融和气化，不易查明撞击体的真实大小。陨石坑直径和陨石坑深度是常用于表征撞击体大小和地质构造特征的两个重要参数。陨石坑真实深度与陨石坑直径之间的比值大约为 1/3。

在碗形陨石坑中，真实深度与撞击体的挖掘深度有关，而挖掘深度与撞击释放的能量有关。陨石坑的真实深度和直径均可以通过实测获得相关数据。因此，碗形陨石坑的真实深度与直径之间的比值比较客观地表征了陨石坑形态特征以及与撞击体特征和撞击释放能量大小之间的关系。比较不同碗形陨石坑的真实深度与直径之间的比值，有助于对撞击事件强度的了解。

在目前已知的地球碗形陨石坑之中，依兰陨石坑的直径并非最大的一个。然而，它的真实深度与直径之间的比值在几乎所有碗形陨石坑当中显示了一个较大的数值。以下是依兰陨石坑与其他若干代表性陨石坑的真实深度和直径之间比值的资料：

依兰陨石坑：直径 1.85 km，真实深度为 579 m，形成在花岗岩上，年龄 4.93 万年，真实深度与直径之间的比值为 0.31。

印度罗娜陨石坑：直径 1.83 km，真实深度为 505 m，形成在玄武岩上，年龄 5.2 万年，真实深度与直径之间的比值为 0.28（Fredriksson et al.，1973；Osae et al.，2005）。

加拿大布伦特陨石坑（Brent crater）：直径 3.8 km，真实深度为 940 m，形成在花岗闪长质片麻岩上，年龄＞ 4.53 亿年，真实深度与直径之间的比值为 0.25（Grieve，1978；O'Dale，2021）。

岫岩陨石坑：直径 1.8 km，真实深度为 445 m，形成在片麻岩 - 角闪岩复合变质岩系上，年龄 > 5.0 万年，真实深度与直径之间的比值为 0.25（陈鸣，2014）。

从上述资料可以看出，加拿大布伦特陨石坑是地球碗形陨石坑中规模较大的一个，但它的真实深度与直径之间的比值（0.25）并不是最大的，甚至明显小于依兰陨石坑（0.31）。岫岩陨石坑和印度罗娜陨石坑的直径和形成时间均与依兰陨石坑比较接近，但它们的真实深度与直径之间的比值（0.25～0.28）均小于依兰陨石坑（0.31）。依兰陨石坑撞击事件释放的能量显然要大于岫岩陨石坑和印度罗娜陨石坑。依兰陨石坑的真实深度与直径之间的比值较大，表明撞击体的挖掘深度较大，撞击强度比较大。

2. 陨石坑撞击角砾岩单元厚度

依兰陨石坑的撞击角砾岩单元厚度与直径之间的比值在碗形陨石坑中具有一个较大值。

碗形陨石坑底部充填的撞击角砾岩是在撞击成坑过程中经由挖掘、溅射和回填的靶区岩石碎块堆积形成，是陨石坑的主要地质构造单元之一。通过分析撞击角砾岩单元厚度与直径之间的比值，可以比较出不同陨石坑底部撞击角砾岩单元的发育特点。按照一般规律，撞击角砾岩单元的厚度与撞击坑规模大小有关，陨石坑直径越大，发育的撞击角砾岩单元厚度就越大。尽管依兰陨石坑在已知碗形陨石坑当中不是规模最大的一个，它的撞击角砾岩单元厚度和直径之间的比值在目前已知的碗形陨石坑当中达到了最大数值，与该陨石坑的真实深度与直径之间的比值较大的特点一致。以下是依兰陨石坑和其他若干代表性陨石坑的撞击角砾岩单元厚度与直径之间比值的资料：

依兰陨石坑：撞击角砾岩单元厚度 319 m，直径 1.85 km，撞击角砾岩单元厚度与陨石坑直径之间的比值为 0.17。

加拿大布伦特陨石坑：撞击角砾岩单元厚度 620 m，直径 3.8 km，撞击角砾岩单元厚度与陨石坑直径之间的比值为 0.16（Grieve，1978；O'Dale，2021）。

印度罗娜陨石坑：撞击角砾岩单元厚度 255 m，直径 1.83 km，撞击角砾岩单元厚度与陨石坑直径之间的比值为 0.14（Fredriksson et al.，1973；Osae et al.，2005）。

岫岩陨石坑：撞击角砾岩单元厚度 188 m，直径 1.8 km，撞击角砾岩单元厚度与陨石坑直径之间的比值为 0.10（陈鸣，2014）。

上述资料表明，依兰陨石坑的直径明显小于布伦特陨石坑，但是依兰陨石坑的撞击角砾岩单元厚度与直径之间的比值（0.17）仍然略大于布伦特陨石坑（0.16）。印度罗娜陨石坑和岫岩陨石坑的直径大小与依兰陨石坑十分接近，这两个陨石坑的撞击角砾岩单元厚度与直径之间的比值（0.10～0.14）均明显小于依兰陨石坑。

依兰陨石坑底部充填的较大厚度撞击角砾岩与较高的撞击强度有关。根据陨石坑的撞击成坑模型，撞击体渗透到靶区岩层的最大深度一般为撞击体直径的2～3倍，这个深度位置属于撞击体的挖掘/溅射界面。然而，由于依兰撞击事件释放的能量较大，在陨石撞击体的挖掘/溅射界面以下，冲击波作用仍然导致了较大区域的花岗岩发生了强烈破碎，导致陨石坑底部充填了较大厚度的撞击角砾岩物质。

3. 岩石碎裂程度

依兰陨石坑撞击角砾岩单元是目前已知碗形陨石坑中岩石破碎程度最高的一个地质体。

陨石坑经由星球撞击作用形成。陨石坑地质构造最显著的地质特征之一是构成陨石坑的岩石极为破碎。在撞击成坑过程中，撞击释放的能量越大，靶区岩石的破碎程度就越高，撞击熔融物质就越多。相对于复杂陨石坑，简单陨石坑中出现的冲击熔融物质数量或所占比例相对较少。充填在碗形陨石坑底部厚层较大的撞击角砾岩单元是该类型陨石坑的显著特征之一。

依兰陨石坑地质钻探结果表明，在坑底厚达319 m的撞击角砾岩单元中，除了在上部出现了累积厚度大约为6 m的块度较大的花岗岩角砾之外，其余厚度300多米的岩心主要由粒度小于3 cm的花岗岩碎屑组成（图2.16）。按此计算，撞击角砾岩单元中体积超过98%的物质均由粒度较小的花岗岩碎屑组成。更为奇特的现象是，越往深处，撞击角砾岩单元中岩石碎屑的粒度就越小。撞击角砾岩单元下部厚度达192 m的岩心几乎全部为芝麻大小的松散花岗岩碎屑组成，粒度小于3 mm。

印度罗娜陨石坑和岫岩陨石坑的直径与依兰陨石坑比较接近。在印度罗娜陨石坑总厚度255 m的撞击角砾岩单元中，体积较大的岩石角砾堆积厚度达到一百多米，仅在底部层位发育了数十米的岩屑堆积（Fredriksson et al.，1973；Osae et al.，2005）。在岫岩陨石坑厚度188 m的撞击角砾岩单元中，角砾状岩石碎块占据了体积的绝大部分，仅局部产出了薄层的岩屑堆积（陈鸣，2014）。

依兰陨石坑底部充填的厚度319 m的撞击角砾岩单元是一套几乎发生了粉碎的花岗岩物质。该陨石坑撞击角砾岩单元中的岩石破碎程度之高在已知的地球碗形陨石坑中罕见。这个现象表明靶区花岗岩受到了较大强度的冲击波作用。

4. 泡沫状硅酸盐熔体玻璃

在依兰陨石坑底部的撞击角砾岩单元中收集到了大量泡沫状硅酸盐熔体玻璃（图

3.6）。这种经由花岗岩熔融和气化形成的泡沫状硅酸盐熔体玻璃在地球陨石坑中比较少见。这些样品的特征表明经历的撞击温度已经达到或接近于花岗岩熔体的沸腾和气化温度。一般只有在撞击点附近的岩石，或只有当冲击波达到非常高的强度才可能出现这种高温效应。

二、撞击成因的炭化植物

首次在一个较大规模的陨石坑中心区域撞击物质中发现了炭化树木碎片。

地球陆生植物从泥盆纪开始进入了大发展阶段并出现了森林。星球撞击释放出来的巨大能量引发的强烈冲击波不但可以导致靶区岩层发生大规模的破碎、熔融和气化，对所在区域的地表植物更会产生毁灭性的影响。相对于相对坚硬的岩石来说，地表植物更容易在强烈的撞击作用及爆炸过程中被撕得粉碎和化为灰烬。尽管目前发现的地球陨石坑中的75%都形成在泥盆纪以后，也就是在地表森林已经广泛出现的环境，目前仅仅在个别直径百米左右的小陨石坑附近碎石堆积中找到了少量的炭化植物碎片，这些炭化植物碎片的形成被认为与地表植物受到撞击高温影响有关（Losiak et al.，2016）。值得注意的是，过去一直都没有在达到核爆当量的撞击坑中心区域的撞击物质中找到植物残片或炭化植物碎片的报道。很显然，在撞击引起的极高压力和极高温度状态下，位于靶区中心区域地表的植物难以在较大规模星球撞击事件中留下痕迹。

在依兰陨石坑撞击角砾岩单元中发现撞击成因木炭是一个罕见的自然现象，这是首次在较大规模撞击坑中心区域找到撞击炭化植物碎片（图4.1）。这些炭化树木碎片的形成与撞击成坑过程相伴随，经历了撞击、溅射、炭化、回落、堆积和埋藏保存等一系列过程。依兰陨石坑中撞击成因木炭碎片的发现表明，如果撞击靶区存在大片原始森林，除了绝大部分树木在撞击瞬间被撕裂为碎片并在高温下化为灰烬以外，少量漂浮在爆炸蘑菇云中的树木碎片仍有可能在高温缺氧环境下转变成为木炭并被保存下来。这些木炭碎片与漂浮在爆炸尘埃云中的岩石碎屑和玻璃混合在一起，最后回落到陨石坑的底部被埋藏。依兰陨石坑中发现的木炭碎片就属于这种地质产状。

与撞击靶区岩石的冲击变质产物一样，依兰陨石坑撞击角砾岩中发现的木炭碎片显然属于地表树木的冲击变质产物。撞击成因木炭不但为精确确定该陨石坑撞击事件发生时间分析提供了理想的样品，而且是了解撞击事件发生时当地植被发育特征的重要化石标本。

三、低海拔陨石坑冰川遗迹

依兰陨石坑是一处在撞击坑地质构造上叠加发生了冰川作用的地质遗迹，一处罕见的低海拔陨石坑冰川遗迹（图 5.4）。

地球上的陨石坑分布十分广泛，从北纬 75°42′（俄罗斯 Chukcha 陨石坑）到南纬 34°43′（澳大利亚 Crawford 陨石坑）都有陨石坑发现。最近的研究报告在北极圈格陵兰岛西北部厚度达 1 km 的海华沙冰川（Hiawatha Glacier）下面揭示了一个潜在的陨石坑（尚未实施地质钻探加以证实），它的地理位置达到了北纬 78°45′（Kjaer et al.，2018）。包括这个被厚层冰川覆盖的海华沙陨石坑在内，地球上有不少陨石坑形成在地球的寒冷地区，或形成以后曾经被大陆冰盖覆盖。陨石坑洼地的巨大容积通常可以储存大量的雨水和冰雪，成为天然的湖泊、聚雪盘或聚冰盘。然而，目前在地球上发现的受到过冰川运动强烈侵蚀和改造的撞击坑地质构造罕见。

新魁北克陨石坑（New Quebec Crater）位于加拿大魁北克北部的昂加瓦半岛，地处北极地区的冻土地带，坐落在太古宙花岗岩体上。该陨石坑是一个碗形凹坑，直径 3.44 km，坑缘高出周边地表大约 160 m，形成在距今 1.4 Ma 年前（Currie，1965；O'Dale，2009）。这个陨石坑保存状态良好，现为一个陨石坑湖泊，素有"努纳维克水晶之眼"（Crystal Eye of Nunavik）之称。现在每年的 11 月到来年 7 月，这个陨石坑湖泊的湖面都被冰层所覆盖。在更新世，北半球的大陆冰川曾经广泛覆盖这个地区。但是，冰川并没有对这个陨石坑造成明显的侵蚀和破坏。这表明了依兰陨石坑冰川遗迹的形成与多种自然条件的耦合有关。

依兰陨石坑是目前在地球上发现的第一个受到了冰川地质作用强烈侵蚀和改造的撞击坑地质构造。冰川地质作用导致了该陨石坑南部坑缘的大规模和方向性缺失。正是冰川这个大自然的杰出雕刻师，把依兰陨石坑塑造成为一座形态地貌特征十分奇特的月牙形环形山。作为一处陨石坑冰川遗迹，依兰陨石坑不但是一个撞击坑地质构造，也是中国东北地区末次盛冰期低海拔冰川发育历史的一个真实见证。

第五节　形成及演化历史

一、撞击成坑

在远古时期，依兰地区长期处在一个宁静祥和的原始森林环境中。距今 4.93 万年前，即公元前 4.73 万年前，地球历史已经前进到了晚更新世中晚期，人类历史也已经进入到了旧石器时代晚期和人类活动的繁盛期。一天的某一个瞬间，一次突发的星球碰撞事件在这里引发了天翻地覆的变化。一颗直径近百米的小行星以宇宙速度飞向地球，奔向华夏大地，直接撞击到了东北小兴安岭南麓的边缘地带。这颗小行星质量巨大，地球大气层的阻力无法令其减速，最终以宇宙速度与地表发生了碰撞，撞击产生的强烈冲击波引发了猛烈爆炸（图6.3a）。这次星球撞击所释放出来的能量等同于数百颗广岛原子弹的爆炸当量，威力巨大。撞击引起的强烈冲击波瞬间将靶区地表以下体积超过 4×10^8 m³ 的坚硬花岗岩体撕裂成为碎片，原来完整的花岗岩岩体被向下挖掘并形成一个深度达 579 m 的巨大撞击坑。爆炸产生的岩石碎片历经溅射、回落、充填、堆积和重力调整，最后在地表形成了一个直径 1850 m、深度 260 m 的碗形凹坑。从撞击中心区域溅射出去的大量岩石碎块在四周堆垒起来构成了一个凸起地表的环形坑缘。这个环形凹坑的坑缘比周边地面高出了一百多米。在地表以上，爆炸产生的冲击波同时从中心区域以超声速向四周扩散传播，摧毁了方圆数十千米的植被和生物，造成了一片荒芜。作为一处在较大规模的星球碰撞事件中形成的地质遗迹，依兰陨石坑在历经了数万年的历史沧桑之后，今天仍然以其特殊和令人震撼的姿态展现在世人面前。

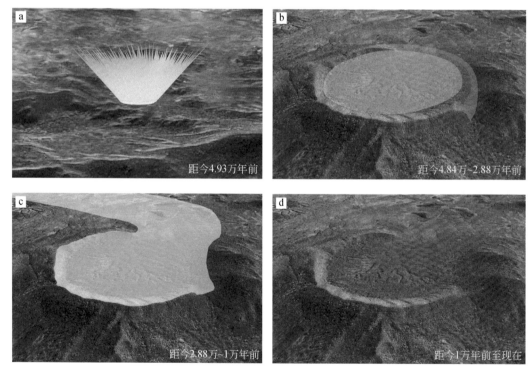

图 6.3　依兰陨石坑形成和演化阶段示意图

a. 撞击成坑，星球碰撞事件发生在距今 4.93 万年前。b. 陨石坑湖泊，碗形陨石坑在距今 4.84 万年前到距今 2.88 万年前发育成为一个湖泊。c. 冰川作用，这里在距今 2.88 万～1 万年前的末次盛冰期发育了冰川，冰川地质作用导致陨石坑的南部坑缘受到了大规模的侵蚀和破坏。d. 从距今 1 万年前到现在，陨石坑演变成为一个小盆地或洼地

二、陨石坑湖泊

在陨石坑形成之初，位于地表的这个巨大的碗形凹坑的直径为 1850 m，深度为 260 m。这个碗形凹坑成为一个体积巨大的天然容器，可以承接和储存大量来自大自然的雨水和冰雪。依兰陨石坑底部保存的一套厚度达 109 m 的湖泊相沉积物提供了这个陨石坑形成之后曾经一度发育成为一个湖泊的物质证据，真实地记录了从距今 4.84 万年前到距今 2.88 万年前这段时间跨度长达 1.96 万年的湖泊历史（图 6.3b）。陨石坑湖泊的发育印证了当时该区域相对温和潮湿的气候环境。与这套湖泊相沉积物形成时间相对应，全球当时的气候环境正处于末次冰期中的相对温和时期（Blunier and Brook，2001）。

在依兰陨石坑湖泊发育期间，相对温和与潮湿的气候环境在湖泊相沉积物中留下了记录。陨石坑底部充填的这套湖泊沉积物的下半部分含有较高的有机碳含量，表明陨石坑形成后相对较为温和与湿润的气候环境有利于该区域植物的发育和生长。研究结果表明，在陨石坑底部地质钻孔中 47 ~ 108 m 深度间隔提取的 17 个湖泊相沉积物岩心样品，有机碳平均含量达到 4.9%；而在 2 ~ 45 m 深度范围提取的 15 个岩心样品的有机碳含量相对较低，平均仅为 0.68%。湖泊相沉积物中有机碳含量的变化，表明在陨石坑形成以后的近两万年时间里，早期阶段的气候环境比晚期阶段更为温和与湿润。另外，在陨石坑撞击角砾岩单元中发现的炭化植物碎片（木炭），也提供了撞击事件发生时该区域被森林植物覆盖的证据，森林中的主要植物包括裸子植物和被子植物。很显然，在依兰星球撞击事件发生之后较长的一段时期内，这个区域的气候环境有利于陨石坑湖泊的形成和发育。

大约在距今 2.88 万年前或稍晚一些时间，该区域的气候迅速变冷。随着气候环境的快速变化，依兰陨石坑也进入了一个新的重要演化阶段。在这个极端寒冷的时期中，陨石坑的南部坑缘受到了大规模的地质侵蚀作用影响，坑缘缺口出现，湖泊消失，湖泊相沉积终止。

三、冰川地质作用

研究表明，冰川在依兰陨石坑的后期地质演化过程中扮演了重要角色。

在地球的地质历史上，从大约 260 万年前开始一直到今天属于同一个冰河时期，又称第四纪冰河时期。在这个冰河时期，全球的气候环境出现了多次冷暖变化，冰期和间冰期多次交替出现。末次冰期大约在距今 11.5 万年前开始到距今 1.17 万年前结束，这个时期也曾出现过多次的冰川前进及消退（Corrick et al.，2020）。

在距今 2.8 万年前到距今 1.2 万年前，地球冰期再次降临，全球进入一个极端寒冷时期，这就是全球规模的重大气候事件——末次盛冰期（Blunier and Brook，2001）。在地球的不同区域，末次盛冰期的发生时间存在着一定的差异。末次盛冰期是距离今天时间最近的一次全球性重大降温事件，在地球的两极和高纬度地区都形成了大面积的大陆冰盖，在中低纬度高山地区的山地冰川也大规模扩张。

黑龙江省地处中国东北边陲，是纬度最高、经度最东的省份。经度西起 121°11′E，东至 135°05′E；纬度南起 43°26′N，北至 53°33′N。这里相对寒冷的气候环境从远古时期延续到今天。这里出土了大量生长在距今 1 万年前到 4 万年前的长毛猛犸象和披毛犀的骨骼化石，这些骨骼化石的年龄与北半球猛犸象-披毛犀化石群的年龄基本一致，表明了当时较为寒冷的气候环境。目前，依兰县的年平均气温为 3 ～ 4 ℃，冬季平均气温低于零下 20 ℃。依兰陨石坑位于小兴安岭地区，平均气温也略低于附近的三江平原。三江平原的冰雪在每年的 3 ～ 4 月份基本消融。正如我们现在所见，在依兰陨石坑附近的丘陵山地中，冬天积累的冰雪仍然可以保存到来年夏天的 6 ～ 7 月份。根据这里的地理和气候环境，小兴安岭地区在极其寒冷的末次盛冰期被冰雪长时间和大面积覆盖的可能性存在。

有研究认为，西伯利亚东部地区和中国北方大部分地区在末次盛冰期主要处于干冷的气候环境，不利于冰川的广泛发育，但不排除局部的山岳冰川存在（Krinner et al.，2011；赵井东等，2019）。与西伯利亚东部地区和中国北方大部分地区地理环境不同的是，黑龙江省位于太平洋西岸，属于寒温带与温带大陆性季风气候。依兰长期以来一直属于湿润-半湿润地区。相关研究也表明，东北三江平原和下辽河平原等地区在末次盛冰期前后均发育有茂密的森林植被（王曼华，1987）。东北南部地区在冬季仍然受到了相对湿润的季风影响（Jin et al.，2016）。直到今天，东北地区仍然是我国北方的两个主要降雪地区之一，另一个是新疆北部地区（王遵娅和周波涛，2018）。因此，尽管依兰陨石坑及周边地区属于低海拔地带，在末次盛冰期的寒冷和湿润的气候环境下，这里存在有利于冰雪局部积聚和小冰帽发育的气候条件，有可能导致局部冰川作用发生。

依兰陨石坑是一个年龄不到 5 万年的年轻撞击坑。研究表明，陨石坑南部坑缘的大规模和方向性缺失与地球的内动力地质作用无关，也不可能经由一般的风化侵蚀作用和河流侵蚀作用等外营力地质作用造成。冰川作用是导致该陨石坑南部坑缘在较短的一段时间内被大规模侵蚀和搬运的主要原因。依兰陨石坑的碗形凹坑在客观条件上成为一个巨大的天然聚雪盘和聚冰盘。当陨石坑内的冰体积累到一定厚度，发生冰川移动，导致冰川地质作用发生。根据陨石坑底部湖泊相沉积物与上覆土壤层之间的地质侵蚀界面的地质年代分析结果，可以确定这次冰川地质作用的发生时间为距今 2.88 万年到距今 1 万年前，与全球末次盛冰期的发生时间基本对应。

依兰陨石坑凸起地表的环形坑缘由撞击溅射的岩石碎块堆积起来构成，这些由松散石块堆积起来的地质体容易受到冰川作用的侵蚀和搬运。依兰陨石坑月牙形环形山的地形地貌特征表明，积聚或覆盖在陨石坑上的冰体是由北往南方向移动，导致了南部坑缘受到侵蚀至基本消失。移动的冰川在离开陨石坑后继续往东南方向的巴兰河谷前进，在冰川移动的通道上刨蚀出了一条宽达千米、延绵数千米的冰川槽谷。冰川槽谷中出现的羊背石和冰碛物提供了冰川作用历史的重要证据。这次冰川作用事件大约从距今 2.88 万年前或稍晚一些时间开始，大约延续到距今 1 万年前结束，历时大约 1.88 万年（图 6.3c）。

大约在距今 1 万年前，地球从寒冷的冰期再次进入了一个相对温暖的间冰期。依兰陨石坑也从一个先前的湖泊和聚冰盘演变成为一个小盆地或洼地（图 6.3d）。受到了冰川地质作用雕塑的依兰陨石坑以一座月牙形环形山的崭新地形地貌景观展现在世人面前。

第六节　撞击事件与区域环境

在距今 12 万年到距今 1 万年前的晚更新世，地球的北半球以代表寒冷气候的猛犸象 - 披毛犀动物群（*Mammuthus-Coelodonta* Faunal Complex）繁盛而著称，真猛犸象（*Mammuthus primigenius*）、披毛犀（*Coelodonta antiquitatis*）、草原野牛（*Bison priscus*）等食草动物成为这个时期最重要和最有影响力的哺乳动物。晚更新世全球气候环境变化、人类演化、生物演化都进入了一个崭新的阶段。

猛犸象 - 披毛犀动物群也是中国东北地区晚更新世的典型动物群。位于黑龙江省中南部的青冈县就素有中国猛犸象故乡之称，出土了大量的猛犸象 - 披毛犀动物群骨骼化石。哈尔滨阎家岗旧石器时代晚期遗址是东北地区古人类和古脊椎动物活动、古地理环境、古代气候的一处重要遗址。在阎家岗遗址中，发现了晚期智人头骨化石，砍砸器、刮削器、石片和石核等一批石制品，以及大量的猛犸象、披毛犀、野牛等古生物骨骼化石。很显然，这里是一处古代人类的营地。最近的研究进一步揭示，阎家岗遗址中的猛犸象 - 披毛犀动物群的哺乳动物骨骼年龄为距今 4.8 万～ 4.2 万年前，比过去分析获得的年龄数据大幅度提前，并呈现了真猛犸象、披毛犀等冰期耐寒动物与喜温的水牛共存的独特面貌（Ma et al.，2020）。遗迹中哺乳动物骨骼化石年龄往前推移，表明人类在当地活动的时间也大幅度提前。这处遗址展示的猛犸象－披毛犀动物群化石以及晚期智人化石与活动遗迹的信息表明，哈尔滨及周边地区在晚更新世具有良好的生态环境。在依兰星球撞击事件发生前后这段时间，该区域具有一片生机勃勃的景象。依兰县距离哈尔滨不远，同处松花江畔，特别是地处松花江、牡丹江、倭肯河、巴兰河四水交汇地带。依兰县一带已发现了大量的猛犸象－披毛犀动物群活动遗迹。在晚更新世，人类活动的足迹很有可能到达了依兰地区。值得注意的是，依兰星球撞击事件就发生在晚更新世中晚期。

根据目前发现的地球陨石坑的资料，依兰陨石坑是近 7 万年以来地球上发生的第二大规模星球撞击事件。尽管这次星球撞击事件产生的影响对整个地球来说微不足道，但它对局部环境的影响仍然是一个不可忽略的事件。宇宙星球之间的超高速碰撞释放出来的能量除了导致靶区岩石受到强烈的冲击波作用之外，爆炸也会导致地表较大区域的环境受到影响。美国宇航局火星勘测轨道飞行器（NASA's Mars Reconnaissance Orbiter）拍摄的一张刚形成不久的火星陨石坑图像显示，一个直径为 30 m 的陨石坑，爆炸的气浪将方圆超过 700 m 的火星表层红色土壤刮走，撞击溅射的岩石碎块飞离到 15 km 以外（图 6.4，NASA/JPL-Caltech，2014）。研究指出，直径 1.19 km 的美国巴林杰陨石坑（Barringer crater）在撞击过程中释放出来的能量达到 $1×10^7$ t TNT 炸药爆炸的当量（Melosh and Collins，2005）。该陨石坑在撞击爆炸时产生的飓风影响范围达 30 km 以外，爆炸产生的火球的灼烧范围达 10 km 以外（Kring，2007）。依兰陨石坑的直径大于巴林杰陨石坑，这次撞击事件引发了一次威力更为巨大的爆炸。爆炸的效应不可避免地会对依兰陨石坑及周围一个较大区域地表的植物、动物和生态环境造成一场浩劫。依兰陨石坑的东南部是一片平原地区（图 1.2），爆炸产生的热以及在地面传播的冲击波可以波及一个较大的范围。依兰陨石坑底部撞击角砾岩单元中木炭碎片的发现提供了这次撞击事件导致靶区中心区域地表森林植被毁灭的一个重要证据。随着工作的深入，期待将来在陨石坑和周边地区能够找到更多有关撞击事件对当地动物、植物和生态环境影响的证据。

我国是世界上发现古人类活动遗址和古人类化石较为丰富的国家之一，这些遗址和化石的时间跨度从距今 212 万年前到距今 1 万年前。找到的直立人、早期智人、晚期智人证据表明人类活动在我国从来就没有出现过间断，显示了从原始人类到现代人类的连续演化历史。在旧石器时代晚期的古人类已经发展到相当繁荣的阶段，距今 5 万

图 6.4　火星陨石坑图像

陨石坑直径 30 m。火星表面被红色细粒和角砾碎屑土壤覆盖。图上辐射状蓝色区域表示火星表面红色尘土被爆炸的气浪刮走的
地方。图片来源：NASA/JPL-Caltech/Univ.of Arizona，拍摄日期 2013 年 11 月 19 日

年前至距今 1 万年前的晚期智人活动遗迹和化石证据遍布全国大部分省区市。晚更新
世人类的足迹遍布了除南极洲以外的世界各大洲，现代人类开始在全球构建了全面的
生态优势。关注地球晚更新世中晚期以来的星球撞击事件发生地点、撞击频率和撞击
规模等有助于对地球近期星球碰撞事件的评估，了解星球撞击事件对地球环境和现代
人类生活的影响。

第七节　地球近期主要撞击事件

1. 地球上的撞击事件

　　地球历史上曾经发生过一系列重大的星球碰撞事件，这些事件部分地记录在已经
被发现的陨石坑以及撞击溅射的物质中。星球撞击事件不断地改造着地球的面貌，也
对地球的生态环境产生过一些灾难性的影响，甚至改变了地球上生物进化的进程。目
前在学术界得到广泛认同的地球灾难性撞击事件之一是 6500 万年前后发生在墨西哥
湾尤卡坦半岛北部的一次星球碰撞事件，这次星球碰撞形成了一个直径 150 km 的希
克苏鲁伯陨石坑。撞击释放出相当于 100×10^{12} t 以上 TNT 爆炸的能量（Pope et al.，
1997）。碰撞过程中释放出来的二氧化碳以及产生的大量灰尘进入大气层，地球气温

发生极端的变化，全球生态失衡，导致了包括恐龙在内的全球生物大灭绝，造成了大约 75%～80% 物种的灭绝，号称白垩纪—古近纪灭绝事件。然而，目前在地球上已经找到的这类规模巨大的星球碰撞事件的地质遗迹并不多，到今天为止仅发现了 13 个直径达 50 km 以上的陨石坑，直径 100 km 以上陨石坑仅有 3 个，这些事件大都发生在距今 24 亿年前到距今 500 万年前之间。按照已经发现的陨石坑规模和数量来推测的巨大星球碰撞事件在历史上的发生频率并不高。就人类的生存环境来说，我们应特别关注那些近期发生、频率较高以及与现代人类生存息息相关的星球碰撞事件，以及未来有可能发生的潜在星球碰撞事件。

近地小行星指的是那些运行轨道与地球轨道相交的小行星。近地小行星在太阳系形成的早期就已经存在，已经有了数十亿年的历史。这些近地小行星存在着与地球发生碰撞的可能性。地球自从形成以来就一直受到近地小行星的撞击，从古至今从未停止，今后仍将有可能再次发生。现在每年从太空中坠落到地球上的陨石物质以数万吨计，大部分质量较小的陨星在进入地球大气层后与空气发生剧烈摩擦燃烧或者爆炸，在这一过程中消耗殆尽。但是，一些质量较大的陨星则有可能冲破大气层的防线而落入到地球表面成为陨石。如果一颗小行星的质量达到或超过一定规模（石陨石直径超过 50 m，铁陨石直径超过 20 m，French，1998），地球大气层对它就基本上起不到明显的减速作用，小行星有可能最终以原来的宇宙速度撞击到地球表面并引发巨大爆炸，对地球环境与生态系统造成灾害。

据估计，地球受到直径 1 m 左右的小行星的撞击概率大约为每年 1 次，受到直径 100 m 小行星撞击的概率为每 1 万年左右 1 次，受到直径 1 km 小行星（或彗星）撞击的概率为每 100 万年左右 1 次，受到直径 10 km 小行星（或彗星）撞击的概率为每 1 亿年左右 1 次（Willman et al.，2010）。截至 2021 年 1 月 1 日，已被发现的近地小行星数量高达两万多颗（图 6.5）。调查结果表明，近地小行星家族中直径为 30～100 m 的小行星数量达 7600 多颗，大于 100 m 的小行星数量还有 1 万多颗（NASA/JPL CNEOS，2021）。一颗小行星以超高速撞击地球表面会产生一个直径比撞击体直径大 20～30 倍的陨石坑（French，1998）。形成一个直径 1～2 km 的地球陨石坑的小行星撞击体直径大约为 30～100 m。导致美国巴林杰陨石坑形成的撞击体（铁陨石）的直径大约为 30～50 m，撞击释放出来的能量达到了 $1×10^7$ t TNT 炸药爆炸的当量（Kring，2007）。因此，如果一颗直径大于 30 m 的小行星撞击到地球上的人类活动地区，足以引起较大的危害。那些直径达到数百米的小行星（或彗星）撞击地球更会对地球的环境和生态系统造成灾难性的影响。

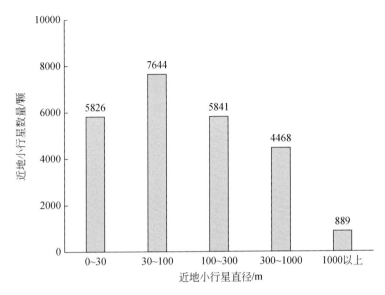

图 6.5 截至 2020 年 1 月 1 日发现的近地小行星数量示意图
在所有近地小行星中，直径 30 ～ 100 m 的近地小行星数量具有最大值（NASA/JPL CNEOS，2021）

　　学术界普遍认为，地球在形成以后的漫长地质岁月中曾经受到过无数不同大小的小行星、彗星和流星体等地外小天体的撞击。月球表面保存的陨石坑就是地球撞击历史的一个参照。月球是地球的卫星，月球表面存在着数不清的陨石坑，表明地球同样经历了如同月球那样的广泛和密集的星球碰撞事件。由于长期受到内外地质作用的影响，地球上大部分陨石坑在漫长的地质演化过程中逐渐被掩埋、破坏或消失了，目前仅仅找到了其中的一小部分陨石坑。地球上也许还存在着许多尚未被发现的陨石坑。在人类有记载的 1 万年左右的历史中，尚没有遇到过较大规模的星球撞击事件发生。这种事件一旦发生，不可避免地会引发灾难性的后果。今天，星球撞击与人类安全已经成为全世界十分关注的问题之一。2013 年 10 月，联合国设立了专门的国际小行星预警组织，专门搜寻"天外来客"，协调各国努力，旨在保护地球，阻止陨石、小行星、彗星等地外天体的撞击灾难发生。

2. 地球近 7 万年以来发生的主要撞击事件

　　在晚更新世中晚期，地球的人类活动已经进入了一个繁盛期。现代考古学研究指出，现代人类是 7 万年前从非洲走出来的晚期智人的后代，现代人类从这个时候开始向地球上各个地区快速扩散（Sun et al.，2021）。研究这一时期地球上形成的较大规模陨石坑对了解地球近期发生的重要星球撞击事件及其对地球环境和人类生存环境的影响具有重要的意义。

根据加拿大新不伦瑞克大学行星与空间科学中心地球撞击坑数据库资料，近7万年来地球上形成的陨石坑数量为19个（PASSC，2021）。依兰陨石坑的发现，使得这个数目上升到了20个（图6.6、表6.1）。这20个陨石坑均属于规模相对较小的简单陨石坑，其中只有5个陨石坑的直径大于1 km。

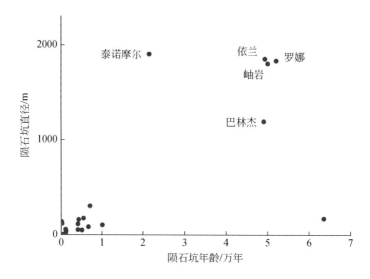

图 6.6　陨石坑直径与年龄关系示意图

依兰陨石坑是近7万年来地球上发生的5次较大规模星球撞击事件之一，其他4个陨石坑分别为泰诺摩尔陨石坑、罗娜陨石坑、岫岩陨石坑和巴林杰陨石坑，依兰陨石坑的规模位列第二

表 6.1　近 7 万年以来形成的地球陨石坑

陨石坑	国家	年龄 / 万年	直径 /m
Carancas crater	秘鲁	0.0007	13.5
Sikhote Alin crater	俄罗斯	0.0067	27
Wabar crater	沙特阿拉伯	0.014	116
Haviland crater	美国	<0.1	15
Sobolev crater	俄罗斯	<0.1	53
Whitecourt crater	加拿大	0.11	36
Campo Del Cielo crater	阿根廷	<0.4	50
Kaalijärv crater	爱沙尼亚	0.4	110
Henbury crater	澳大利亚	0.42	157
Kamil crater	埃及	<0.5	45

续表

陨石坑	国家	年龄 / 万年	直径 /m
Boxhole crater	澳大利亚	0.54	170
Ilumetsä crater	爱沙尼亚	0.66	80
Macha crater	俄罗斯	<0.7	300
Morasko crater	波兰	<1	100
Tenoumer crater	毛里塔尼亚	2.14	1900
Barringer crater	美国	4.9	1190
Yilan crater（依兰陨石坑）*	中国	4.93	1850
Xiuyan crater（岫岩陨石坑）	中国	>5.04	1800
Lonar crater	印度	>5.2	1830
Odessa crater	美国	<6.35	168

数据来源：Earth Impact Database（PASSC，2021），* 本项研究。

在过去的 7 万年时间里，地球上已知的最大规模星球撞击事件记录是距今 2.14 万年前形成在非洲毛里塔尼亚撒哈拉沙漠的泰诺摩尔陨石坑（Tenoumer crater），该陨石坑直径 1.9 km。依兰陨石坑的撞击规模位列第二（年龄 4.93 万年，1.85 km）。印度罗娜陨石坑的撞击规模位列第三（年龄 5.2 万年，1.83 km）。岫岩陨石坑的撞击规模位列第四（年龄 5.04 万年，1.8 km）。位于美国亚利桑那州的沙漠巴林杰陨石坑的撞击规模位列第五（年龄 4.9 万年，1.19 km）。从陨石坑的直径可以了解到，泰诺摩尔陨石坑、依兰陨石坑、罗娜陨石坑和岫岩陨石坑这 4 个陨石坑的直径相差不到百米，表明它们的撞击规模均比较接近。在上述 5 个陨石坑当中，泰诺摩尔陨石坑和巴林杰陨石坑位于现在的沙漠地区，其余 3 个陨石坑位于绿色宜居区域。非洲撒哈拉沙漠形成在距今 300 万～700 万年前，泰诺摩尔陨石坑形成时处于十分干旱的气候条件（Zhang et al.，2014）。巴林杰陨石坑形成时（距今大约 5 万年前）当地的气候条件仍然比较潮湿（Kring，2007）。

以下是除了依兰陨石坑以外其他几个主要陨石坑的基本情况介绍：

（1）泰诺摩尔陨石坑（Tenoumer crater）。陨石坑位于毛里塔尼亚撒哈拉沙漠西部（图 6.7）。陨石坑直径 1.9 km，表观深度以及坑缘与周边地表之间的高差大约为 110 m，真实深度不清，形成在距今 2.14 万年前。陨石坑坐落在 35 亿年前形成的瑞桂巴特地盾（Reguibat Shield）的太古宙片麻岩和花岗岩上，坑底上部被厚度约200～300 m 的松散沉积物覆盖。

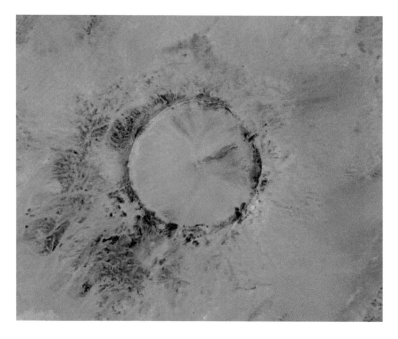

图 6.7　毛里塔尼亚泰诺摩尔陨石坑，陨石坑直径 1.9 km（据 Google Earth 卫星图像）

（2）罗娜陨石坑（Lonar crater）。陨石坑位于印度西南部马哈拉施特拉邦（Maharashtra state）（图 6.8）。陨石坑直径 1.83 km，表观深度 150 m，真实深度 505 m，坑缘比周边地表高出大约 20 m，形成在距今 5.2 万年前。陨石坑坐落在德干高原白垩纪玄武岩上，坑体内部现在是一个盐碱湖，坑底上部的湖泊相沉积物厚度为 100 m。这个陨石坑位于苏尔坦普尔镇（Sultanpur town）旁边，是印度的著名旅游景点。

（3）岫岩陨石坑（Xiuyan crater）。陨石坑位于我国辽东半岛中部、辽宁省鞍山市岫岩满族自治县（图 6.9）。陨石坑直径 1.8 km，表观深度 150 m，真实深度 445 m，形成在距今 5.04 万年前。陨石坑坐落在丘陵地区，陨石坑底部基岩为古元古代变质岩系，主要由片麻岩、变粒岩、角闪岩和大理岩等组成。坑底上部的湖泊相沉积物厚度为 107 m。陨石坑底部是一个小村庄。

（4）巴林杰陨石坑（Barringer crater）。陨石坑位于美国西南部亚利桑那州的沙漠地带（图 6.10）。该陨石坑的成因研究从 1891 年开始到 1960 年获得证实，历时 70 年，是地球上第一个获得证实的陨石坑。在这个陨石坑及周边地区收集到了大量的不同体积大小的铁陨石，这些铁陨石属于撞击体的残留碎片。陨石坑直径 1.19 km，表观深度 170 m，真实深度 406 m，坑缘与周边沙漠地表之间的高差为 30 ～ 60 m，形成在

图 6.8　印度罗娜陨石坑，陨石坑直径 1.83 km（据 Google Earth 卫星图像）

图 6.9　中国岫岩陨石坑，陨石坑直径 1.8 km
（据北京国遥新天地信息技术有限公司航空遥感图像）

距今 4.9 万年前。陨石坑形成在二叠系和三叠系沉积岩地层上。坑底上部存在厚度约 30 m 的湖泊相沉积物，属于淡水湖沉积物。巴林杰陨石坑目前为私人拥有，属于巴林杰家族财产，建立有博物馆，被列入美国的国家天然地标。

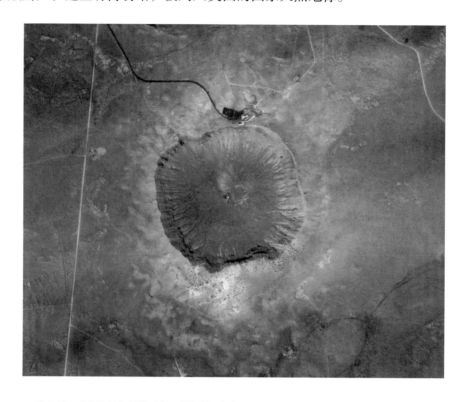

图 6.10　美国巴林杰陨石坑，陨石坑直径 1.19 km（据 Google Earth 卫星图像）

地球是太阳系内地质活动非常活跃的行星之一。尽管地球上的地质活动比较强烈，在过去数万年时间里发生的较大规模星球撞击事件的地质遗迹一般仍然可以较为完整地或部分地被保存下来，特别是那些直径达千米以上的陨石坑。根据目前的陨石坑调查结果，地球在过去 7 万年时间里至少遭遇了 5 次较大规模的星球撞击事件，其中两次发生在东亚中国，一次在北美，一次在非洲，一次在南亚。这 5 次星球撞击事件的小行星撞击体直径在 30 ～ 100 m，形成的陨石坑直径为 1.19 ～ 1.9 km。如果将直径大于 1 km 的陨石坑的撞击事件视作为对人类活动有较大威胁的星球碰撞事件，那么近 7 万年来地球陆地上受到这类小行星撞击的频率达到每 1 万年 0.7 次。

地球表面 71% 的面积被海洋覆盖。由于厚层海水的阻隔，目前对洋壳上的陨石坑了解程度仍然相对较低，仅在挪威北方北冰洋的巴伦支海（Barents Sea）发现了一个位于洋壳上的陨石坑（Mjølnir crater），这个陨石坑形成在距今 1.4 亿年前。假设小行星撞击地球的位置是随机的，按照陆地面积与海洋面积的比例计算，地球在近 7 万年来受到这类小行星撞击的频率可能达到每 1 万年 2.4 次，即平均每 4000 年左右发生 1 次。

当直径超过 30 m 的地外小天体与地球发生碰撞时，如果撞击点发生在人类活动地区或人口密集地区，它产生的影响将是灾难性的。在地球的地质历史长河中，过去几万年发生的星球碰撞事件就如同于昨天发生的事情。地球未来受到较大规模星球撞击的概率仍然较高。人类需要努力防范和避免体积较大的地外小天体与地球发生碰撞这类灾难性事件的发生，通过现代科学和技术的进步去化解这类具有潜在危机性的宇宙地质事件。

最近的一些研究结果表明，泰诺摩尔陨石坑和罗娜陨石坑的年龄要比先前的分析结果更为古老，分别达到 157 万年（Schultze et al.，2016）和 57 万年（Jourdan et al.，2011）。因此，形成依兰陨石坑的星球碰撞很可能是地球近七万年来已知发生的一次最大规模的撞击事件。

第八节　对我国陨石坑研究的启示

1. 我国陨石坑研究概述

陨石坑是太阳系固态星球表面分布最为广泛的一类地质构造。与太阳系其他固态星球一样，地球自从诞生以来一直不断受到地外小天体的撞击，形成了大量的陨石坑。地球上大部分陨石坑在漫长的地质岁月中逐渐被地质作用抹去了。近一百多年来，人们努力去寻找那些仍然保存在地球表面及地表附近的陨石坑遗迹。到目前为止发现了 200 个左右的撞击构造（Schmieder and Kring，2020；PASSC，2021）。现已发现的陨石坑主要分布在除南极洲以外的其他陆地区域。亚洲地区发现的陨石坑数量相对较少。亚洲陆地面积约占全球陆地面积的三分之一，目前仅发现了 22 个陨石坑，约占全球已知陨石坑数量的十分之一强。东亚地区发现的陨石坑数量更少。东亚五个国家（中国、日本、韩国、朝鲜和蒙古国）约占全球陆地面积的 9%。到 2020 年为止，在东亚五国仅发现了三个陨石坑，其中两个位于中国，另一个是位于蒙古国的塔本 - 卡拉 - 奥博陨石坑（Tabun-Khara-Obo crater），直径 1.3 km，形成在距今 1.5 亿年前。依兰陨石坑是继岫岩陨石坑之后在我国发现的第二个陨石坑。中国幅员辽阔，寻找和发现新的陨石坑在地球与行星科学研究上具有十分重要的意义。

中国国土面积约占全球陆地总面积的十五分之一。我国的陨石坑研究进展长期以来受到国内外科学界以及广大民众的关注。自从 20 世纪 80 年代初开始，我国的陨石坑调查就已经起步。在过去几十年里先后报告过一大批"疑似陨石坑"的环形地质构造。直到 2009 年，岫岩陨石坑获得了证实，这也是我国第一个获得国际陨石坑学术界承认的陨石坑。我国过去找到的陨石坑数量较少的原因比较复杂，其中的一个重要原因很可能与我国的特殊地理和地质环境以及复杂的地质演化历史有关。我国中新生代地质构造运动十分活跃，山地、高原和丘陵约占陆地面积的 67%，盆地和平原约占陆地面积的 33%。山地、高原和丘陵的地质侵蚀作用十分强烈，而大部分盆地和平原普遍被厚层的第四系沉积物覆盖。我国的显生宙造山带比较发育，造山带面积占全国陆地面积的五分之三。地壳稳定地区（克拉通）约占全国陆地面积的三分之一，但是大部分地方被厚层沙漠、黄土和其他第四系沉积物覆盖。中国的特殊和复杂的地理和地质环境不利于陨石坑的长期完好保存，或部分古老的陨石坑被埋藏在地表以下，增大了陨石坑发现的难度。

岫岩陨石坑是在距今大约 5 万年前形成的一个年轻陨石坑。依兰陨石坑的发现揭示了另外一个更为年轻，年龄只有 4.93 万年的陨石坑。在地球已经发现的陨石坑当中，我国这两个陨石坑均属于比较年轻的陨石坑。我国这两个陨石坑产出的大地构造位置不一样，岫岩陨石坑位于克拉通地区，依兰陨石坑位于造山带。尽管岫岩陨石坑和依兰陨石坑的形成时间均比较晚，但这两个陨石坑均已受到了一定程度的地质作用侵蚀和改造，保存的地质构造或形态特征并不十分完整。形成在丘陵地带的岫岩陨石坑的坑缘山脊高低起伏变化较大，导致坑缘山脊轮廓在平面上更像是一个多边形的地质构造。依兰陨石坑则有超过三分之一的坑缘被地质作用侵蚀至消失，呈现为一个月牙形环形山。根据对我国全域地形地貌和地表地质构造形态的遥感资料调查和分析，今后在我国找到暴露于地表而且保存状态良好的较大规模陨石坑的可能性较小。也就是说，调查和发现那些受到一定程度地质作用侵蚀和破坏的陨石坑，以及那些可能埋藏在地表以下的陨石坑，将是我们今后的主要研究目标。

陨石坑属于基础科学研究领域范畴，同时也是一项应用性很强的科学研究。陨石坑调查是一项涉及多学科内容的科学探索工程。在某种意义上，陨石坑调查如同矿产资源调查，探索性和实践性都非常强。一个陨石坑的发现最终以在目标地质构造中发现星球撞击的物理和化学证据为准则。这就如同在矿产资源调查中以能否找到目标矿床作为任务成功与否的唯一衡量标准。一个陨石坑的发现作为一项基础科学研究成果必须经得起时间的检验，也必须得到国际学术界同行的认可。我国的岫岩陨石坑和依兰陨石坑均已先后获得了国际陨石坑科学界的承认。

地球与行星科学界经过一百多年的发展，有关地球陨石坑的理论和研究方法已经取得了长足的进步。鉴于地球上地质作用和地质现象的复杂性和多变性，一个陨石坑的发现通常需要回答三个方面的问题：一是撞击证据是什么？必须提供星球撞击作用留下的物理或化学证据，特别是靶区岩石和矿物的冲击变质证据。二是地质构造的特征是什么？需要查明陨石坑的基本地质构造特征，获得陨石坑的三维地质构造特征资料。三是星球撞击事件发生在什么时间，也即陨石坑年龄是多少？需要提供地质年龄测定数据。这三个方面的研究内容与成果构成了一个陨石坑地质遗迹的完整证据链。其中，冲击变质证据是地球陨石坑发现的核心内容和要求，它提供一个地质构造是否为星球撞击起源的关键物理证据，在地球陨石坑论证中不可或缺。在依兰陨石坑的研究过程中，上述三方面问题都已经获得了比较理想的答案，获得了一套完整的资料和数据。

2. 依兰陨石坑研究的启示

依兰陨石坑在地表上呈现为一座半圆弧形的山体。与一个典型的碗形陨石坑相比较，依兰陨石坑在地表形态特征呈现出了明显的不完整性。依兰陨石坑的发现或论证过程可为我国今后的陨石坑调查工作提供一些有益的借鉴。

不管是暴露在地表的陨石坑还是那些被深埋在地表以下的陨石坑，地球陨石坑调查一般从地质构造资料分析入手。许多陨石坑的发现就是基于环形地质构造特征提供的最初线索。然而，地球的地质作用形式和过程复杂多变，地表上分布着许许多多不同成因的环形地质构造形迹，一些陨石坑会受到后期地质作用的侵蚀和破坏而变得不完整，这就使得陨石坑调查探索性比较强。因此，地球陨石坑调查需要特别重视撞击证据的收集，特别是对陨石坑能起到诊断性作用的冲击变质证据的寻找与发现。

依兰陨石坑在形成以后受到了地质作用的强烈侵蚀和改造，目前的形态展现为一座月牙形环形山，原来完整的碗形坑缘发生了较大规模的缺失。因此，在形态特征上，依兰陨石坑已经不属于一个典型的碗形凹坑。对于这样一座形态特征奇特的圆弧形山体，我们在科学论证过程中始终保持着严谨的工作态度。在研究工作之初，特别是在开展野外地质调查之前就制定了一套缜密的研究方案和技术路线，避免出现人为的研究风险和资源浪费。基本的地质调查方针是：有的放矢，以撞击证据为依据逐步推进整个研究工作不断走向深入。在成因论证的初期阶段，研究的重点就放在了对这个地质构造地表物质的调查和分析，寻找与撞击作用有关的地质证据，力争发现冲击变质诊断性证据，在取得突破后再投入其他地质勘探工程开展深入的剖析和研究。

依兰陨石坑区域地表被植被和土壤层广泛覆盖，地质调查和证据收集难度较大。通过有针对性的野外地质踏勘、样品收集和实验室分析，我们在不长的一段时间里就首先在地表的砂粒样品中发现了痕量的矿物冲击变质诊断性证据。地表岩屑中石英面状变形页理的发现成为驱动本项研究继续深入下去的关键动力和指南（图3.7）。这些证据的发现成为这项科学探索工程的突破点，基本确定了这个地质构造的成因与撞击事件有关，化解了潜在的研究风险（陈鸣等，2020）。然而，由于样品产出位置等原因，当时获得的冲击变质证据比较有限，在我们与国际学术界同行交流时并没有取得他们的一致性评价。为此，我们多次采样分析，核实了这些证据的真实性、可靠性以及代表性。基于对这些证据的分析，我们初步肯定了这个地质构造的星球撞击起源，并推测在这个地质构造深部的特定位置存在着大量的岩石和矿物冲击变质物质。以此为科学依据，我们立即投入了地质钻探等勘探工程对这个地质构造进行深度剖析。这次地质钻探设定的两个主要科学目标是：一方面是查明这个地质构造的深部特征，调查这个地质构造特征是否与撞击坑地质构造相一致；另一方面是寻找和发现更多的冲击变质物质，进一步验证这个地质构造的星球撞击起源。最终的地质钻探及研究结果表明，我们的判断是正确的。通过地质勘探工程的途径，不但揭示了这个地质构造深部呈现出碗形陨石坑特征，而且在坑底找到了大量的撞击角砾岩，并在角砾岩中发现了十分丰富的冲击变质诊断性证据。依兰陨石坑的星球撞击起源得到了最终的证实（Chen et al.，2021）。

世界陨石坑的探索历史和经验表明，在地球陨石坑调查中，只有在靶区岩石中找到冲击变质证据才不会导致在研究工作中引出地质构造成因方面的多解结论。岩石和矿物的冲击变质特征在陨石坑调查中起到至关重要的"钉子"证据作用。实际上，岩石和矿物的冲击变质证据已经被国际学术界广泛接受为陨石坑成因判别的核心证据，甚至成为地球陨石坑论证工作中的一项强制性要求。在依兰陨石坑的成因论证工作中，国际学术界公认的三种主要类型的矿物冲击变质诊断性证据，即撞击成因高压矿物（柯石英）、矿物面状变形页理（石英面状变形页理）、矿物击变玻璃（石英和长石击变玻璃）等，都已经全部找到并得到了确认。依兰陨石坑中一系列岩石和矿物的冲击变质证据的发现为确定该陨石坑的星球撞击起源提供了一套核心的撞击证据。

通过系统的地表地质和深部地质调查，我们揭示了依兰陨石坑的三维地质构造特征，确定了这个陨石坑的碗形撞击坑地质构造类型，揭示了陨石坑后期的地质演化历史。综合研究结果表明，依兰陨石坑在形成之后先后经历了一个湖泊历史以及冰川地质作用历史。

在地球陨石坑研究中，确定撞击事件的准确发生时间是一项富有挑战性的工作。我们通过撞击事件绝对地质年代和相对地质年代研究相结合的方法查明了依兰陨石坑撞击事件的发生时间，取得了比较理想的结果。依兰陨石坑中撞击成因木炭的发现为确定撞击事件绝对地质年代奠定了重要的基础。基于对这些木炭形成年代的分析获得了精确的陨石坑年龄数据。另外，陨石坑底部湖泊相沉积物年代分析提供了撞击事件相对地质年代方面的数据，限定了撞击事件的发生时间，检验了撞击事件绝对地质年代分析数据的可靠性。撞击事件年代分析结果证明依兰陨石坑是一个比较年轻的撞击坑地质构造。另外，对撞击事件发生时间以及陨石坑底部湖泊相沉积物的形成年代分析为揭示陨石坑形成以后的地质演化历史，特别是冰川地质作用历史提供了重要的资料和线索。

依兰陨石坑的科学论证过程提供了一个形态特征不完整陨石坑发现的例子。依兰陨石坑的证实对于我国今后的陨石坑调查具有一定的启示作用。根据我国的自然地理和地质构造的特点，我们要特别关注那些已经受到了一定程度地质侵蚀和破坏的潜在陨石坑地质构造的调查研究。如何去寻找和证实那些形态或地质构造特征不甚完整的陨石坑应该成为今后的一个探索方向。依兰陨石坑的发现使我国的陨石坑数量上升到了两个。对于幅员辽阔的中华大地，陨石坑的研究程度仍然相对较低。岫岩陨石坑和依兰陨石坑的先后发现表明，在我国找到更多陨石坑的可能性依然存在。如何在复杂多变的地质现象中更有效地去辨别出和发现那些与撞击事件和历史有关的撞击坑地质构造，需要我们不断去探索和总结。

陨石坑作为宇宙中的一种普遍自然现象已经广为人知。然而，关于地球的星球撞击历史，我们还远远没有揭开它的神秘面纱。开展撞击坑地质构造调查和加强对天然岩石和矿物撞击效应的研究，可望给我们带来更多关于未知陨石坑的信息。在广袤的华夏大地上，陨石坑仍然是一种罕见的地质构造形迹，也许这些陨石坑就在我们的身边！

参考文献

陈军，尹勇前，李涛，等 . 2016. 吉林省大布苏国家重点化石产地的猛犸象 - 披毛犀动物群 . 地质通报，
　　25（6）：872-878

陈鸣 . 2014. 岫岩陨石撞击坑发现及研究 . 北京：科学出版社

陈鸣，谢先德，肖万生，等 . 2020. 依兰陨石坑：我国东北部一个新发现的撞击构造 . 科学通报，65（10）：
　　948-954

葛春元 . 2019. 全域旅游视角下的依兰县旅游业发展问题研究 . 商场现代化，（9）：131-133

洪皓 . 2020. 依兰第三煤矿煤层结构及煤层气资源潜力初探 . 内蒙古煤炭经济，（9）：137-138

侯伦灯，张齐生，陆继圣 . 2005. 竹炭微晶结构的 X 射线衍射分析 . 森林与环境学报，（3）：211-214

金昌柱，徐钦琦，郑家坚 . 1998. 中国晚更新世猛犸象（*Mammuthus*）扩散事件的探讨 . 古脊椎动物学报，
　　36：47-53

李锦轶，刘建峰，曲军峰，等 . 2019. 中国东北地区主要地质特征和地壳构造格架 . 岩石学报，35：
　　2989-3016

李强 . 2018. 黑龙江省中部中低山区古冰川地质遗迹存在的可能性分析 . 地质灾害与环境保护，29（4）：
　　21-25

李四光 . 1975. 中国第四纪冰川 . 北京：科学出版社

柳成栋 . 1991. 依兰旧志五种 . 海拉尔：内蒙古文化出版社

柳成栋 . 2011. 依兰旧志评述 . 黑龙江史志，12：16-20

吕古贤，陈晶，丁悌平，等 . 2000. 含柯石英榴辉岩形成深度的构造校正测算 . 地质力学学报，6：14-24

施雅风，等 . 1989. 中国东部第四纪冰川与环境问题 . 北京：科学出版社

孙广友，王海霞，范宇 . 2012. 中国东北第四纪冰川研究新进展：遗迹厘定、新发现与冰期模式 . 地球科
　　学与环境学报，34（1）：55-65

田苗 . 2009. 依托资源优势打造多种旅游精品 —— 依兰县旅游产业发展再思考 . 学理论，24：92-93

王曼华 . 1987. 我国东北平原晚更新世晚期植物群与古气候指标初探 . 冰川冻土，9（3）：229-238

王佩环，赵德贵 . 1987. 清代三姓城的勃兴及其经济特点 . 社会科学战线，（1）：197-202

王泉，余友，韦健，等 . 2017. 黑龙江东部伊春 — 延寿晚三叠世 — 早侏罗世花岗岩岩基带深部约束机制 .
　　矿产勘查，8：229-238

王晓静 . 2015. 五国城城名考释 . 鸡西大学学报，15（7）：40-42

王遵娅，周波涛 . 2018. 影响中国北方强降雪事件年际变化的典型环流背景和水汽收支特征分析 . 地球
　　物理学报，61（7）：2654-2666

武晓军，胡澜滨，李继业，等 . 2016. 浅谈依兰 - 伊通断裂构造特征及演化 . 黑龙江科技信息，（34）：
　　115-116

杨东林 . 2012. 依兰煤田煤层气勘探开发成果及前景展望 . 煤炭技术，31（7）：135-137

张虎才. 2009. 我国东北地区晚更新世中晚期环境变化与猛犸象-披毛犀动物群绝灭研究综述. 地球科学进展, 24 (1): 49-60

张云翔, 李永项, 谢坤, 等. 2015. 末次冰期东北地区食草动物群的演替及其环境意义. 第四纪研究, 35 (3): 622-630

赵井东, 王杰, 杨晓辉. 2019. 中国东部 (105°E 以东) 第四纪冰川研究、回顾、进展及展望. 冰川冻土, 41 (1): 75-92

赵松龄. 2010. 中国东部低海拔型古冰川遗迹. 北京: 海洋出版社

Alwmark C. 2009. Shocked quartz grains in the polymict breccia of the Granby structure, Sweden—Verification of an impact. Meteoritics and Planetary Science, 44: 1107-1113

Blunier T, Brook E J. 2001. Timing of millennial-scale climate change in Antarctica and Greenland during the last glacial period. Science, 291 (5501): 109-112

Boyer H, Smith D C, Chopin C, et al. 1985. Raman microprobe (RMP) determinations of natural and synthetic coesite. Physics and Chemistry of Minerals, 12: 45-48

Chakrabarti R, Basu A R. 2006. Trace element and isotopic evidence for Archean basement in the Lonar crater impact breccia, Deccan volcanic province. Earth and Planetary Science Letters, 247: 197-211

Chao E C T. 1967. Shock effects in certain rock-forming minerals. Science, 156: 192-202

Chao E T C, Shoemaker E M, Madsen B M. 1960. First natural occurrence of coesite. Science, 132: 220-222

Chen M, El Goresy A. 2000. The nature of maskelynite in shocked meteorites: not diaplectic glass but a glass quenched from shock-induced dense melt at high-pressure. Earth and Planetary Science Letters, 179: 489-502

Chen M, Xiao W, Xie X. 2010. Coesite and quartz characteristic of crystallization from shock-produced silica melt in the Xiuyan crater. Earth and Planetary Science Letters, 297: 306-314

Chen M, Koeberl C, Tan D, et al. 2021. Yilan crater, China: evidence for an origin by meteorite impact. Meteoritics and Planetary Science, 56 (7): 1274-1292

Clark P U, Dyke A S, Shakun J D, et al. 2009. The Last Glacial Maximum. Science, 325: 710-714

Cohen-Ofri I, Weiner L, Boaretto E, et al. 2006. Modern and fossil charcoal: aspects of structure and diagenesis. Journal of Archaeological Science, 33: 428-439

Corrick E C, Drysdale R N, Hellstrom J C, et al. 2020. Synchronous timing of abrupt climate changes during the last glacial period. Science, 369: 963-969

Currie K L. 1965. The geology of the New Quebec Crater. Canadian Journal of Earth Sciences, 2: 141-160

DeCarli P S, Jamieson J C. 1959. Formation of an amorphous form of quartz under shock conditions. Journal of Chemical Physics, 31: 1675-1676

Engelhardt W V, Stöffler D. 1968. Stages of shock metamorphism in crystalline rock of the Ries Basin, Germany//French B M, Short N M. Shock Metamorphism of Natural Materials. Baltimore: Mono Book Corp., 159-168

Fayos J. 1999. Possible 3D carbon structures as progressive intermediates in graphite to diamond phase transition. Journal of Solid State Chemistry, 148: 278-285

Ferrière L, Morrow J R, Amgaa T, et al. 2009. Systematic study of universal-stage measurements of planar deformation features in shocked quartz: implications for statistical significance and representation of results. Meteoritics and Planetary Science, 44: 925-940

Francioso O, Sanchez-Cortes S, Bonora S, et al. 2011. Structural characterization of charcoal size-fractions from a burnt Pinus pinea forest by FT-IR, Raman and surface-enhanced Raman spectroscopies. Journal of Molecular Structure, 994: 155-162

Fredriksson K, Dube A, Milton D J, et al. 1973. Lonar Lake, India: an impact crater in basalt. Science, 180: 862-864

French B M. 1998. Trace of catastrophe: a handbook of shock-metamorphic effects in terrestrial meteorite impact structure. LPI Contribution 954. Houston, Texas: Lunar and Planetary Institute, 120

French B M, Koeberl C. 2010. The convincing identification of terrestrial meteorite impact structures: what works, what doesn't, and why. Earth-Science Reviews, 98: 123-170

Ge M, Zhang J, Li L, et al. 2018. A Triassic-Jurassic westward scissor-like subduction history of the Mudanjiang Ocean and amalgamation of the Jiamusi Block in NE China: constraints from whole-rock geochemistry and zircon U-Pb and Lu-Hf isotopes of the Lesser Xing'an-Zhangguangcai Range granitoids. Lithos, 302-303: 263-277

Goltrant O, Leroux H, Doukan J C, et al. 1992. Formation mechanisms of planar deformation features in naturally shocked quartz. Physics of the Earth and Planetary Interiors, 74: 219-240

Grieve R A F. 1978. The melt rocks at Brent crater, Ontario, Canada. Proceedings Lunar and Planetary Science Conference 9th, 2579-2608

Grieve R A F. 2005. Economic natural resource deposits at terrestrial impact structures. Geological Society London Special Publications, 248 (1): 1-29

Grieve R A F, Head J W. 1981. Impact cratering, a geological process on the planets. Episodes, 4: 3-9

Grieve R A F, Langenhorst F, Stöffler D. 1996. Shock metamorphism of quartz in nature and experiment: II. Significance in geoscience. Meteoritics and Planetary Science, 31: 6-35

Gulick S O S, Bralower T J, Ormö J, et al. 2019. The first day of the Cenozoic. Proceedings of the National Academy of Sciences, 116 (39): 19342-19351

Hao Z, Fei H, Hao Q, et al. 2016. China has built a Mammoth museum. Acta Geologica Sinica (English Edition), 90: 1039-1040

Hemley R J. 1987. Pressure dependence of Raman spectra of SiO_2 polymorphs: a-quartz, coesite and stishovite//Manghnani M H, Syono Y. High-Pressure Research in Mineral Physics. Tokyo: Terra Scientific Publishing Co., 347-359

Henkel H, Ekneligoda T C, Aaro S. 2010. The extent of impact induced fracturing from gravity modeling of the Granby and Tvären simple craters. Tectonophysics, 485: 290-305

Institute of Geology, Chinese Academy of Geological Sciences. 2016. Geological Map of China (1 : 1000000). Beijing: Geological Publishing House, 221-224

Jaret S J, Phillips B L, King D T, et al. 2017. An unusual occurrence of coesite at the Lonar crater, India. Meteoritics and Planetary Science, 52: 147-163

Jin H J, Chang X L, Luo D L, et al. 2016. Evolution of permafrost in Northeast China since the Late Pleistocene. Sciences in Cold and Arid Regions, 8: 269-296

Jourdan F, Moynier F, Koeberl C, et al. 2011. $^{40}Ar/^{39}Ar$ age of the Lonar crater and consequence for the geochronology of planetary impacts. Geology, 39: 671-674

Kanzaki M. 1990. Melting of silica up to 7 GPa. The Journal of the American Ceramic Society, 73: 3706-3707

Kjaer K H, Larsen H K, Binder T, et al. 2018. A large impact crater beneath Hiawatha Glacier in northwest Greenland. Science Advances, 4 (11): eaar8173. doi: 10. 1126/sciadv. aar8173.

Koeberl C. 2002. Mineralogical and geochemical aspects of impact craters. Mineral Magazine, 66: 745-768

Koeberl C, Reimold W U, Shirey S. 1994. Saltpan impact crater, South Africa: geochemistry of target rocks, breccias, and impact glasses, and osmium isotope systematics. Geochimica et Cosmochimica Acta, 58: 2893-2910

Koeberl C, Brandstätter F, Glass B P, et al. 2007. Uppermost impact fallback layer in the Bosumtwi crater (Ghana): mineralogy, geochemistry, and comparison with Ivory Coast tektites. Meteoritics and Planetary Science, 42: 709-729

Kring D A. 2007. Guidebook to the geology of Barringer meteorite crater, Arizona. Lunar and Planetary Institute, Houston, TX, LPI Contribution No. 1355

Krinner G, Diekmann B, Colleoni F, et al. 2011. Global, regional and local scale factors determining glaciation extent in Eastern Siberia over the last 140, 000 years. Quaternary Science Reviews, 30: 821-831

Langenhorst F. 1994. Shock experiments on pre-heated a-and b-quartz: II. X-ray and TEM investigations. Earth and Planetary Science Letters, 128: 683-698

Langenhorst F, Deutsch A. 2012. Shock metamorphism of minerals. Elements, 8: 31-36

Losiak A, Wild E M, Geppert W D, et al. 2016. Dating a small impact crater: an age of Kaali crater(Estonia) based on charcoal emplaced with prosimal ejecta. Meteoritics and Planetary Science, 51: 681-695

Ma J, Wang Y, Baryshnikov G F, et al. 2020. The Mammuthus-Coelodonta Faunal Complex at its southeastern limit: a biogeochemical paleoecology investigation in Northeast Asia. Quaternary International. https: //doi. org/10. 1016/j. quaint. (2020-12-02)

Melosh H J, Collins G S. 2005. Meteor Crater formed by low-velocity impact. Nature, 434: 157

Meng E, Xu W L, Pei F P, et al. 2011. Permian bimodal volcanism in the Zhangguangcai Range of eastern Heilongjiang Province, NE China: zircon U-Pb-Hf isotopes and geochemical evidence. Journal of Asian Earth Sciences, 41: 119-132

NASA/JPL CNEOS. 2021. Discovery Statistics. http://www. jpl. nasa. gov (2021-01-01)

NASA/JPL-Caltech. 2014. A Spectacular New Martian impact Crater. http://www. jpl. nasa. gov (2021-06-20)

O'Dale C. 2009. Exploring the Pingualuit Impact Crater. The Journal of the Royal Astronomical Society of Canada, Royal Astronomical Society of Canada, April, 61-64

O'Dale C. 2021. Brent impact crater. http://craterexplorer. ca/brent-impact-crater (2021-06-20)

Okuno M, Reynard B, Shimada Y, et al. 1999. A Raman spectroscopic study of shock-wave densification of vitreous silica. Physics and Chemistry of Minerals, 26: 304-311

Osae S, Misra S, Koeberl C, et al. 2005. Target rocks, impact glasses, and melt rocks from the Lonar impact crater, India: petrography and geochemistry. Meteoritics and Planetary Science, 40: 1473-1492

PASSC. 2021. The Earth Impact Database. Planetary and Space Science Center, University of New Brunswick, Fredericton, Canada. http://www. unb. ca/passc (2021-06-05)

Pope K O, Baines K H, Ocampo A C, et al. 1997. Energy, volatile production, and climatic effects of the Chicxulub Cretaceous/Tertiary impact. Journal of Geophysical Research, 102: 21645-21664

Reimold W U, Jourdan F. 2012. Impact!—bolides, craters, and catastrophes. Elements, 8: 19-24

Reimold W U, Koeberl C, Patridge T C, et al. 1992. Pretoria Saltpan crater: impact origin confirmed. Geology, 20: 1079-1082

Rida M A, Harb F. 2014. Synthesis and characterization of amorphous silica nanoparitcles from aqueous silicates using cationic surfactants. Journal of metals, Materials and Minerals, 24: 37-42

Schmieder M, Kring D A. 2020. Earth's impact events through geologic time: a list of recommended ages for terrestrial impact structures and deposits. Astrobiology, 20: 91-141

Schultze D S, Jourdan F, Hecht L, et al. 2016. Tenoumer impact crater, Mauritania: Impact melt genesis from a lithologically diverse target. Meteoritics and Planetary Science, 51: 323-350

Settle M. 1980. The role of fallback ejecta in the modification of impact craters. Icarus, 42: 1-19

Short N M. 1970. Anatomy of a meteorite impact crater: West Hawk Lake, Manitoba, Canada. Geological Society of America Bulletin, 81 (3): 609-648

Song Z, Han Z, Gao L, et al. 2018. Permo-Triassic evolution of the southern margin of the Central Asian Orogenic Belt revisited: insights from Late Permian igneous suite in the Daheishan Horst, NE China. Gondwana Research, 56: 23-50

Stähle V, Altherr R, Koch M, et al. 2008. Shock-induced growth and metastability of stishovite and coesite in lithic clasts from suevite of the Ries impact crater (Germany). Contributions to Mineralogy and Petrology, 155: 457-472

Stöffler D. 1971. Coesite and stishovite in shocked crystalline rocks. Journal of Geophysical Research, 76: 5475-5488

Stöffler D. 1972. Deformation and transformation of rock-forming minerals by natural and experimental shock processes, I. Behavior of minerals under shock compression. Fortschritte Mineralogie, 49: 50-113

Stöffler D. 2000. Maskelynite confirmed as diaplectic glass: indication for peak shock pressures below 45 GPa in all Martian meteorites. LPS XXXI. Abstract #1170 (CD-ROM)

Stöffler D, Langenhorst F. 1994. Shock metamorphism of quartz in nature and experiment: I. Basic observation and theory. Meteoritics, 29: 155-181

Stöffler D, Keil D, Scott E R D. 1991. Shock metamorphism of ordinary chondrites. Geochimica et Cosmochimica Acta, 55: 3845-3867

Stöffler D, Ryder G, Ivnov B A, et al. 2006. Cratering history and Lunar chronology. Reviews in Mineralogy and Geochemistry, 60: 519-596

Sun X, Wen S, Lu C, et al. 2021. Ancient DNA and multimethod dating confirm the late arrival of anatomically modern humans in southern China. Proceedings of the National Academy of Sciences of the United States of America, 118（8）: e2019158118. doi: 10.1073/pnas.2019158118

Willman S, Plado J, Raukas A, et al. 2010. Meteorite impact structures-geotourism in the Central Baltic. Tallinn: NGO GeoGuide Baltoscandia, 80

Windley B F, Alexeiev D, Xiao W J, et al. 2007. Tectonic models for accretion of the Central Asian Orogenic Belt. Journal of the Geological Society, 164: 31-47

Wu F Y, Sun D Y, Ge W C, et al. 2011. Geochronology of the Phanerozoic granitoids in northeastern China. Journal of Asian Earth Sciences, 41: 1-30

Wurster C M, Bird M I, Bull I D, et al. 2010. Forest contraction in north equatorial Southeast Asia during the Last Glacial Period. Proceedings of the National Academy of Sciences of the United States of America, 107: 15508-15511

Zhang J, Li B, Utsmi W, et al. 1996. In situ X-ray observations of the coesite-stishovite transition: reversed phase boundary and kinetics. Physics and Chemistry of Minerals, 23: 1-10

Zhang Z, Ramstein G, Schuster M, et al. 2014. Aridification of the Sahara desert caused by Tethys Sea shrinkage during Late Miocene. Nature, 513: 401-404

Zhao D, Ge W, Yang H, et al. 2018. Petrology, geochemistry, and zircon U-Pb-Hf isotopes of Late Triassic enclaves and host granitoids at the southeastern margin of the Songnen-Zhangguangcai Range Massif, Northeast China: evidence for magmamixing during subduction of the Mudanjiang oceanic plate. Lithos, 312-313: 358-374

Zhou J B, Wilde S A, Zhang X Z, et al. 2009. The onset of Pacific margin accretion in NE China: evidence from the Heilongjiang highpressure metamorphic belt. Tectonophysics, 478: 230-246